DERNIÈRES NOUVELLES DU COSMOS

DU MÊME AUTEUR

Évolution stellaire et Nucléosynthèse
Gordon and Breach/Dunod, 1968

Soleil
(en collaboration avec J. Véry,
E. Dauphin-Lemierre et les enfants d'un CES)
La Nacelle, Genève, 1992

Patience dans l'azur
Seuil, coll. « Science ouverte », 1981
et coll. « Points Sciences », 1988 (nouvelle édition)

Poussières d'étoiles
Seuil, coll. « Science ouverte », 1984 (album illustré)
et coll. « Points Sciences », 1994 (nouvelle édition)

L'Heure de s'enivrer
Seuil, coll. « Science ouverte », 1986
et coll. « Points Sciences », 1992

Malicorne
Seuil, coll. « Science ouverte », 1990

Compagnons de voyage
(en collaboration avec J. Obrenovitch)
Seuil, 1992

Comme un cri du cœur
(ouvrage collectif)
L'Essentiel, Montréal, 1992

HUBERT REEVES

DERNIÈRES NOUVELLES DU COSMOS

VERS LA PREMIÈRE SECONDE

LE GRAND LIVRE DU MOIS

ISBN 2-02-020571-8
(ISBN édition reliée 2-02-022831-9)

*Ce livre est dédié à tous ceux qui,
scrutant le ciel et l'atome, y ont
trouvé les traces de notre origine.*

Table

Table des illustrations

Mode d'emploi

Pistes vertes et pistes rouges

Le livre s'adresse à deux classes de lecteurs. Au premier niveau, il se veut « grand public ». Les faits et leur interprétation sont présentés simplement, sans équations. Les notions de physique y sont réduites au minimum. Introduites progressivement, elles sont souvent reprises. « Comprendre », c'est d'abord « se familiariser ».

Au second niveau, le livre s'adresse à un auditoire plus scientifique. Les lecteurs ont déjà une connaissance des notions fondamentales de la physique ainsi que du formalisme mathématique qui les sous-tend. Cette version est fondée sur des notes de cours destinées aux chercheurs en physique et en astronomie.

Pour atteindre tous les lecteurs, j'ai utilisé la stratégie des « pistes vertes » et des « pistes rouges » familière aux skieurs des Alpes. Le lecteur peu habitué au langage mathématique pourra se contenter de la piste verte qui comprend la plus grande partie du texte. Il saura pourtant que les propositions énoncées dans son parcours sont discutées plus longuement dans l'autre (les « pistes rouges » sont balisées par le signe ⚠ dans la marge). Peut-être sera-t-il tenté d'y aller voir par lui-même. Peut-être aura-t-il le plaisir de découvrir en lui-même des capacités intellectuelles ignorées ou sous-estimées.

L'enseignement scolaire et universitaire ne s'intéresse trop souvent qu'à l'aspect formel des sciences. On lui a reproché d'en ignorer l'histoire. De négliger les implications philosophiques des connaissances scientifiques. De ne pas chercher à les intégrer dans la réalité du monde, de la vie et du moi. De ne pas promouvoir la réflexion sur leur impact sociologique. En un mot, de les avoir coupées de la culture.

L'étudiant en physique trouvera dans la piste verte certains éléments qui lui permettront de combler partiellement cette lacune. Ils l'inciteront, du moins je l'espère, à une réflexion personnelle sur les fondements et les implications culturelles de son activité professionnelle.

Les pierres d'achoppement

Je présente souvent, en cours ou en conférence, les données nouvelles de la cosmologie. Les questions des auditeurs sont révélatrices des pierres d'achoppement qui jalonnent le parcours de cet enseignement. J'ai répertorié un certain nombre de passages délicats où les risques de confusion sont élevés. Cette expérience, accumulée au long des années, me permet de prévoir et d'aller au-devant des difficultés. Elle m'a beaucoup servi dans la rédaction de ce livre. Je m'attarde quelquefois longuement sur des points qui paraîtront évidents au lecteur averti.

De nombreuses difficultés se situent plus au niveau de l'imagination qu'au niveau de l'intellect. « Dans quoi l'univers s'étend-il ? » « Où en est le centre ? » « Comment un univers infini pourrait-il être en expansion ? » « Qu'est-ce qu'il y avait avant ? » Il est normal que, dans un domaine aussi éloigné de notre monde habituel, l'imagination ne soit pas toujours à l'aise. Elle doit s'adapter à de nouvelles échelles, à des notions géométriques différentes. Elle doit se créer de nouvelles familiarités. Cela prend du temps. Je conseille souvent à mes auditeurs un quart d'heure d'exercice d'imagination chaque matin au réveil. Avec le temps, bon nombre de difficultés finissent par s'aplanir. Mais pas toutes…

Le champ de l'intellect est plus vaste que celui de l'imagination. On peut comprendre ce qu'on ne peut imaginer. La courbure de l'espace-temps à quatre dimensions n'est pas « imaginable » mais ne pose aucun problème conceptuel. Les calculs s'y font aussi sûrement qu'en géométrie euclidienne de nos bancs d'école.

Message aux enseignants

Les enseignants des lycées et collèges se plaignent généralement du manque d'intérêt des jeunes pour les sciences. Comment faire, demandent-ils, pour les motiver ?

Il suffit souvent de leur montrer que les sciences leur parlent d'eux-mêmes. Que, dans le cadre de la cosmologie, la physique, la chimie, la biochimie, la biologie sont autant de chapitres de l'histoire du cosmos. Que cette histoire raconte, entre autres, les événements qui, après quinze milliards d'années d'évolution sont responsables de leur propre venue au monde.

Que leur histoire s'insère dans un cosmos qui s'étend sur quinze milliards d'années-lumière, et dans lequel des collisions de galaxies, des explosions d'étoiles, des chocs d'astéroïdes ont joué des rôles fondamentaux. Que le cerveau avec lequel ils prennent conscience de leur existence est fait de molécules formées à l'intérieur d'étoiles depuis longtemps défuntes. Ces informations, établies sur des connaissances scientifiques rigoureuses, sont souvent de nature à éveiller une grande passion pour la science et la recherche.

1. La quête des origines

Pourquoi le mot « origine » nous fascine-t-il tellement? Quelle corde fait-il vibrer? D'où lui vient l'attrait qu'il exerce sur nous ? Comment expliquer l'affluence aux colloques sur les origines ?

Ce mot plonge des racines profondes dans notre tissu psychique. Il nous parle de nous. Il atteint cette région opaque du passé d'où nous avons émergé. Il touche aussi, nous disent les psychanalystes, à l'espoir d'exorciser la mort. Comme si « savoir d'où nous venons » pouvait nous apprendre « où nous allons ». Que cet espoir soit perçu comme illusoire ou non ne change rien à l'affaire. L'intellect ici n'est pas seul en jeu !

Aux êtres humains, la nature a donné la conscience qui s'éveille lentement chez l'enfant. Qui peut retracer, dans sa mémoire, les premiers éclairs de sa lucidité ? la première prise de conscience du moi, du monde, de la naissance et de la mort ? Comment la quête anxieuse des origines plante-t-elle progressivement ses assises ?

Qu'en est-il de nos ancêtres préhistoriques ? A quel moment la conscience apparaît-elle dans l'évolution biologique ? Sous quelle forme embryonnaire la question du moi et de son devenir se manifeste-t-elle dans le monde animal ?

Autant de questions auxquelles il serait bien difficile d'apporter des réponses. Pourtant, les étapes de cette ascension jusqu'à « l'angoisse de l'homme moderne face à son destin » ne nous sont pas complètement inaccessibles. Nous ne manquons pas de témoignages. Les innombrables récits d'origine, répertoriés par les anthropologues, nous le prouvent : ces interrogations ont toujours préoccupé les êtres humains. Toutes les sociétés, grandes ou petites, perdues sur un îlot rocheux ou isolées dans un désert inhospitalier, ont une « histoire du monde ». La variété et la richesse de ces récits sont époustouflantes. Leurs origines sont à jamais perdues. Il n'en reste que la mémoire collective, transmise oralement de génération en génération.

La source de cette activité créatrice n'est pas tarie. Se relier à son passé, trouver ses racines sont des phases importantes de l'élaboration du moi, disent encore les psychanalystes. Ce besoin est particulièrement ressenti par les êtres fragiles. Les asiles psychiatriques sont des hauts lieux de la cosmologie. J'en ai la preuve par les épais manuscrits émaillés d'équations compliquées que je reçois dans mon courrier... (Faut-il en conclure que les cosmologistes sont tous fragiles et un peu fous ?)

« Chaque époque a toujours su trouver le moyen d'expliquer, à défaut de comprendre. » Cette phrase, qui serait d'Oscar Wilde, nous invite à la prudence. Nous sourions avec condescendance à l'écoute des cosmologies traditionnelles et nous nous apitoyons devant celles des paranoïaques. Mais qu'en est-il de notre cosmologie scientifique ? Est-elle vraiment plus crédible ? Jusqu'à quel point sommes-nous, à notre tour, obnubilés par notre « besoin de comprendre » ?

Un gros morceau à avaler

Reconnaissons d'emblée que le Big Bang est une théorie bien étrange. Un « gros morceau à avaler », qui se présente à nous avec des airs de mythologie archaïque. Un récit d'origine comme on en trouve dans tant de cultures. Comment prendre ce conte de fées au sérieux ?

Mon but, dans ce livre, est d'établir un bilan de la situation telle qu'elle se présente en 1994. J'énoncerai d'abord les arguments en faveur de cette théorie ; les raisons pour lesquelles, malgré son allure fantasmagorique, elle est prise au sérieux par la grande majorité des astrophysiciens et physiciens contemporains.

Plus une théorie est extravagante, plus elle s'éloigne des sentiers battus, plus il convient d'être exigeant à son égard. Expliquer simplement un ensemble de faits observables est un minimum requis. Mais le vrai test de la crédibilité, c'est la prédiction réussie de faits non encore soumis à l'observation. Une bonne théorie va au-delà des explications satisfaisantes. Elle se « mouille ». Elle dit dans son langage : « Si j'ai raison, alors je peux prévoir le résultat de telle ou telle expérimentation. » Dans les premiers chapitres de ce livre, je relate en détail les prédictions vérifiées de la théorie du Big Bang. Le bilan est assez impressionnant...

De cette théorie, je présenterai aussi les difficultés, les points faibles et les crises dont on a beaucoup parlé récemment. A plusieurs reprises, des rumeurs ont circulé selon lesquelles la théorie serait « morte », à mettre dans le « cimetière des théories défuntes ». J'essaierai de montrer pourquoi ce verdict est pour le moins prématuré. Comme toute théorie scientifique, le Big Bang n'est pas un discours achevé et définitif. Les vérités statiques et éternelles ne sont pas du domaine de la science. Il s'agit d'un modèle en élaboration qui progresse lentement au travers de ses succès et de ses tâtonnements.

Je m'attarderai sur certaines énigmes particulièrement difficiles mais potentiellement fructueuses. Leurs solutions pourraient bouleverser nos idées présentes et relancer la cosmologie sur des voies nouvelles. La physique elle-même pourrait y trouver son profit.

En résumé, j'essaierai de circonscrire les domaines de crédibilité de la cosmologie contemporaine, d'identifier ce qui semble solidement établi, ce qui l'est moins et ce qui est encore largement spéculatif. Je tenterai de montrer ce que recouvre – et ne recouvre pas – le scénario du Big Bang. Ce que la science peut dire – et ne peut pas dire – sur le passé lointain du cosmos.

Une ascèse indispensable

L'histoire des sciences regorge d'exemples instructifs où les passions ont retardé le développement des connaissances. Il est difficile aujourd'hui de comprendre les résistances historiques du monde scientifique face à certaines idées nouvelles. Par exemple, l'acharnement, au début du siècle, à refuser l'idée que l'Afrique ait pu dans le passé être « collée » à l'Amérique. Aujourd'hui cette hypothèse est devenue une évidence pour tous. Elle s'intègre dans une théorie savamment appelée la « tectonique des plaques continentales ». On se demande pourquoi Anton Wegener, son auteur, fut tourné en ridicule…

Plus que toute autre, les théories d'origine sont traditionnellement litigieuses. Elles ont souvent des implications sociales à longue portée. Ce qu'on sait (ou croit savoir…) des origines (du monde, de la vie, de l'humanité) influence les attitudes et les comportements. Les débats se passionnent et les prises de position se radicalisent. On connaît le procès de Galilée et les tensions qui ont accueilli les idées de Darwin au milieu du siècle dernier. Les goûts et tendances personnels altèrent quelquefois les jugements au point de provoquer des résistances durables, voire des rejets inconditionnels.

« Chacun voit midi à sa porte », dit le proverbe. Mon courrier me le confirme abondamment. Un lecteur m'écrit : « L'histoire du cosmos telle que vous la racontez dans *Patience dans l'azur* prouve l'existence de Dieu. Pourquoi ne pas le reconnaître ? » Un militant d'une ligue pour la défense de l'athéisme me demande la permission de citer tel passage qui lui apparaît « comme un argument massue contre l'existence de Dieu ». Un journal maoïste se réjouit du soutien que mes livres apportent à la dialectique matérialiste, me reprochant seulement de ne pas citer Marx, Lénine et Mao ! Selon le regard qu'on y porte, les mêmes textes peuvent s'interpréter de façons fort différentes.

Face aux menaces que les sensibilités, les goûts et les émotivités personnelles font peser sur l'issue des enjeux d'origine, le scientifique doit chercher à développer sa propre lucidité. Se questionner sur son attitude face à ses recherches. Veiller à ce que ses choix idéologiques ou politiques n'influencent pas ses jugements.

Pourquoi défend-il si volontiers telle hypothèse plutôt que telle autre ? Pourquoi tel point de vue lui est-il si désagréable ? Pourquoi répugne-t-il à reconnaître qu'untel pourrait avoir raison ? Atteindre la sérénité que réclame l'objectivité exige souvent une véritable ascèse. « Par une douce torture, la psychanalyse doit faire avouer au savant ses mobiles inavouables », écrit fort justement Gaston Bachelard dans *La Psychanalyse du feu*.

Mythologiser

La tentation de « mythologiser » est toujours présente chez les êtres humains. Il est naturel de chercher à faire coller les schémas traditionnels de la pensée mythique aux nouvelles connaissances issues des recherches scientifiques. « Les idées anciennes traversent les âges, dit encore Bachelard, elles reviennent toujours dans les rêveries plus ou moins savantes avec leur charge de naïveté première. »

Les succès accumulés de la théorie du Big Bang ont amené dans son sillage l'idée que l'astrophysique contemporaine aurait quelque chose à dire sur l'origine ou le début du cosmos. Nous aurions maintenant identifié la « création du monde ». Cette création aurait eu lieu au « temps zéro » de l'horloge cosmique, sur laquelle nous lisons l'âge de l'univers : quinze milliards d'années. Le pape Pie XII n'a pas hésité à identifier cet événement avec le *fiat lux* biblique.

On comprend facilement comment l'imagination toujours galopante a pu associer une théorie physique à un mythe intemporel et par là séduisant (ou peut-être vaudrait-il mieux dire :

séduisant et par là intemporel). Le physicien se doit de jeter sur la question un regard impartial, empreint d'une rigueur sans complaisance, rigueur essentielle à l'efficacité de la démarche scientifique. Que reste-t-il de cette mythologie et de ces prétentions métaphysiques quand le sens critique est passé par là ? Sommes-nous autorisés à garder dans notre langage des termes comme « naissance de l'univers » ou « premiers instants de l'univers » ? Par quoi faut-il les remplacer ? Quels termes préserveraient l'essence de nouvelles connaissances sans y associer des éléments d'origine douteuse ? Les acquis de la science doivent être dégagés de leurs gangues mythologiques ou idéologiques.

Le mot « création » est particulièrement visé ici. Au sens littéral du terme, « créer » veut dire « faire sortir quelque chose de rien ». Par exemple : un univers. Expliquer la création du cosmos voudrait dire : savoir comment il est « sorti » du « néant ». La science ne manque pas de pouvoirs explicatifs. Mais on explique toujours « quelque chose » en termes d'« autres choses ». Pourquoi *ceci* ? Parce que *cela*. Cette réponse, à son tour, entraîne une nouvelle question : pourquoi *cela* ? Résultat : une séquence de « pourquoi emboîtés », toujours passibles d'une nouvelle interrogation. Pourquoi les pommes tombent-elles ? Parce que la Terre les attire (Newton). Mais pourquoi la Terre les attire-t-elle ? Parce que sa masse courbe l'espace environnant (Einstein). Mais pourquoi ? Etc.

Prétendre posséder une théorie de la création signifierait pouvoir relier *quelque chose* (l'univers) à *rien*. Un tel exploit n'est pas dans les cordes de la démarche scientifique. Le mot « création » recouvre une réalité mystérieuse et fascinante. Les interrogations que ce mot suscite se situent au niveau métaphysique. Elles sont étrangères à la science. Contrairement à une opinion répandue, nous n'avons pas expliqué la création de l'univers. Nos prétentions sont beaucoup plus modestes.

Génération spontanée

Puisque nous sommes sur un terrain philosophique, profitons-en pour explorer d'autres aspects du problème de la création.

Les métaphysiciens distinguent soigneusement deux sens au mot « création ». Il peut s'agir d'une *action située à un moment précis du temps* : le « temps zéro » de l'univers. Il peut également s'agir aussi d'un *acte intemporel* situé « au-dessus du temps », qui « garderait le monde dans l'existence » (pour employer la terminologie de saint Thomas d'Aquin). Ce second sens s'appliquerait aussi bien à un univers qui aurait eu un début (univers historique) qu'à un univers qui existerait depuis un temps infini dans le passé et pour un temps infini dans l'avenir (univers éternel).

Cette distinction peut éclairer certains chapitres récents de la cosmologie contemporaine. Plusieurs auteurs ont publié des « recettes d'univers ». Comment faire émerger des mondes multiples à partir de rien ? Bien que largement spéculatives, ces idées sont fondées sur une physique correcte et ne manquent pas d'intérêt. Peut-être ont-elles joué un rôle dans la naissance du seul cosmos que nous connaissions : le nôtre.

Pourtant, une remarque s'impose. Ces recettes dépendent essentiellement de l'existence préalable des lois de la physique – telles que les expériences de laboratoire nous ont permis de les formuler. Elles impliquent que ces lois « existent » avant et « au-dessus » de ces univers. On pense ici aux « idées » de Platon qui sous-tendent l'apparence des êtres réels.

Dans ce contexte, la question métaphysique de Leibniz : « Pourquoi y a-t-il quelque chose plutôt que rien ? » se ramènerait à la question : « Pourquoi y a-t-il des lois plutôt que pas de lois ? » Le problème de la création serait alors celui de l'origine intemporelle des lois qui régissent le cosmos et qui – peut-être – l'auraient fait apparaître il y a quinze milliards d'années. Sur cette origine nous sommes dans l'ignorance la plus totale.

2. Cosmologies religieuses et cosmologies scientifiques

Le monde fut-il constitué en sept jours comme l'enseigne la Bible ou en quinze milliards d'années comme le prétend la théorie du Big Bang ? Cette question, souvent posée, va nous servir à délimiter les territoires propres des cosmologies religieuses et scientifiques.

Aux théologiens qui refusaient, pour des motifs bibliques, la rotation de la Terre, Galilée répondait : « Contentez-vous de nous dire "comment on va au ciel" et laissez-nous le soin de dire "comment va le ciel". »

En termes plus contemporains, on dirait que la morale (religieuse, philosophique) est le domaine du « comment vivre dans le monde », tandis que la science est le domaine du « comment fonctionne le monde ». Quand les territoires sont bien balisés, les risques d'intrusion territoriale sont minimes.

Il est un domaine pourtant où les territoires semblent se joindre : celui du « d'où vient le ciel (le monde) ? ». Dans les sociétés traditionnelles, les « histoires saintes » racontent le passé pour donner du sens au présent. Elles montrent l'intégration de la personne dans le cosmos. Elles donnent à chacun le sens de sa vie et définissent ses devoirs, « pour la bonne marche du monde ». Elles servent à fonder les objectifs de la société et la législation qu'elle se donne.

Jetons un coup d'œil rapide sur le répertoire ethnologique des cosmologies traditionnelles pour en dégager quelques grandes lignes. Cette rétrospective nous aidera à identifier les composantes mythologiques de notre imagerie moderne.

Cosmologies de création

L'idée que le monde n'a pas toujours existé s'y retrouve fréquemment. Le monde a été « créé ». Son état initial est sans forme. L'ordre y apparaît, suite à l'intervention d'un élément organisateur qui le structure. Cet événement historique est fondateur de la « sagesse » d'une société, telle que l'exprime sa « vision du monde ». Les hommes doivent obéir aux lois pour empêcher le retour du chaos initial. Le récit mythologique est gardien de l'ordre.

« Au commencement était... » Le cosmos apparaît dans un passé lointain. Son début se raconte comme un conte. Il surgit du « néant ». Mais comment décrire le néant ? Une méthode traditionnelle consiste à accumuler les négations.

Dans la tradition indienne des *Upanishad*, on dit brièvement : « Au début l'univers n'existait pas. Il en vint à exister. » D'autres traditions insistent : « Il n'y avait ni Soleil, ni Lune, ni terrain, ni montagne ; tout était confusion, dit un texte polynésien. Il n'y avait ni homme, ni bête, ni poule, ni chien, ni être vivant. Il n'y avait ni océan, ni eau douce. » Dans un récit égyptien, on affirme que « le ciel n'existait pas, la Terre n'existait pas. Les hommes non plus. Les dieux n'étaient pas nés. Il n'y avait pas la mort ».

Le chaos initial implique une absence de formes et de structures. Il se présente parfois comme une vaste étendue aquatique plongée dans l'obscurité profonde. L'eau est le prototype de la substance informe.

« L'univers était dans l'obscurité, avec de l'eau partout, sans aurore, sans clarté, sans lumière », dit un texte maori (Nouvelle-Zélande). Selon les *Rig Veda* (Inde) : « Il y avait au début l'obscurité. Tout était en eau. » Et selon le *Popol Vuh* (maya) : « Au début, tout était calme, silencieux et immobile. Rien n'existait sauf le ciel vide et la mer calme dans la nuit profonde. »

Voici maintenant une version huronne (Canada) : « Au début,

il n'y avait que l'eau : un vaste océan peuplé d'animaux aquatiques. »

« A l'origine, il n'y avait pas d'étoile, pas de lune, pas de soleil. Tout était noir et partout il n'y avait que de l'eau », dit une légende maidu.

Un texte babylonien est beaucoup plus loquace sur « ce qu'il n'y avait pas » : « Aucune maison sacrée, aucune maison des dieux n'avait été érigée./Aucun jonc n'avait poussé. Aucun arbre n'avait été planté./Aucune brique n'avait été cuite. Aucun moule de brique n'avait été préparé./Aucune ville n'avait été érigée. /Aucun homme debout n'avait été engendré./Les profondeurs étaient encore incréées./Éridu pas encore bâtie./Le siège de sa maison sainte, la maison des dieux, n'était pas érigée./Toute la Terre était mer. »

L'œuf cosmique

Plus tard, un élément organisateur vient donner forme au chaos. Cet être prend des formes variées.

Dans la tradition judéo-chrétienne, la Genèse se présente comme une cosmologie d'origine. « La terre était sans forme et vide. L'obscurité s'étendait à la surface des profondeurs et l'esprit de Dieu se mouvait sur l'étendue des eaux. »

Cet élément organisateur se présente quelquefois comme un œuf (souvent lui-même né du chaos). L'éclosion du poussin, issu d'une substance gélatineuse (apparemment) informe, était certes de nature à émerveiller nos lointains ancêtres. L'analogie entre cet événement prodigieux et la naissance du cosmos devait paraître toute naturelle. On retrouve cette image dans les traditions grecque, chinoise, égyptienne, hindouiste, japonaise et péruvienne.

Selon un texte égyptien : « Au commencement le monde était un désert océanique. Le dieu de lumière apparut sous la forme d'un œuf brillant, qui flottait sur la nappe aquatique. » Chez les Grecs, l'Œuf primordial est engendré par la nuit. Ses deux moitiés, en se séparant, constituent d'une part la Terre et d'autre part le Ciel, son couvercle. Éros, dieu de l'Amour, naît de cet œuf.

De même, en Inde, l'Œuf est engendré des eaux primitives. Il est couvé par l'oie Hansa, une image du Souffle Divin. Le Ciel et la Terre sont ses deux moitiés partagées. En Chine, de l'œuf cosmique naît le géant Pan Gu **1***. Il sera dépecé et ses morceaux deviendront les astres et autres éléments de la nature.

Voici un texte plus géographiquement descriptif, tiré des *Upanishad* (Inde) : « Au début, l'embryon d'or n'existait pas, puis il exista. Il crût. Il se transforma en un œuf. L'œuf dura un an puis il s'ouvrit. Une moitié était d'argent ; l'autre d'or. L'argent devint la terre ; l'or devint le ciel ; le blanc devint les montagnes ; le jaune devint la brume et les nuages ; les petites veines devinrent les fleuves et le fluide devint la mer. »

L'élément organisateur se présente également sous les traits d'un oiseau. Pour nos ancêtres, défier la pesanteur tenait sans doute du « surnaturel » !

« Au début, quand il n'y avait que de l'eau, Dieu et le "premier homme" se mouvaient sous la forme de deux oies noires au-dessus de l'océan primordial », dit une légende sibérienne. Une autre, d'origine inuit (Eskimos) : « C'était dans le temps où il n'y avait pas d'homme sur la Terre. Le premier homme resta quatre jours dans une cosse de pois. [...] Quand il en sortit, il vit une forme noire venant vers lui en se trémoussant. C'était le corbeau. [...] Le corbeau prit deux morceaux d'argile et leur donna la forme de moutons. Quand il eut agité ses ailes quatre fois, les moutons s'animèrent et s'enfuirent dans la montagne. »

Et, pour terminer cette anthologie, voici une description hautement imagée qui nous vient des Mohaves : « Au début, il n'y avait rien que l'obscurité. Des sons, des bourdonnements et des grondements s'entendaient par intervalles. Du rouge, du blanc s'enroulèrent en torsade et convergèrent vers un point dans

* Les notes, appelées en gras, sont rassemblées à la fin du livre p. 229 et suiv.

l'obscurité. Ils agissaient de concert en s'entortillant. Ils s'unirent en un point pour produire. La boule ainsi formée frémit et tourbillonna, se condensa en une substance qui devint deux embryons enveloppés dans ce placenta. Cela s'était produit dans l'espace et dans l'obscurité. Ils naquirent prématurément, tout s'immobilisa car ils étaient mort-nés. De nouveau les lumières tourbillonnèrent, s'unirent et produisirent. Cette fois, les embryons parvinrent à terme. Au-dedans les deux enfants se parlaient[2]... »

Cosmologies d'éternité

Les cosmologies de création sont celles pour lesquelles l'univers a eu un début dans le temps. Une sorte de « temps zéro » qui marque le départ de l'histoire.

Il existe, en parallèle, une classe de cosmologies d'éternité. Elles sont relativement rares. L'élément structurant n'est pas « avant » mais « au-dessus » du monde. Il est hors du temps. Le Tao pourrait en être un exemple (même s'il est très difficile d'en parler correctement). De lui, Lao Tseu dit : « Sans nom, il représente l'origine de l'univers./Avec un nom, il constitue la Mère de tous les êtres./Ce quelque chose est muet et vide./Il est indépendant et inaltérable./Il circule partout sans se lasser. »

Dans la tradition hindouiste, l'univers est cyclique. L'histoire est constituée d'une séquence de chapitres semblables. Ça commence par une création et ça se termine par une annihilation du cosmos. A la fin de chaque cycle, Shiva endosse sa livrée de destructeur, remet les pendules à zéro, et on recommence. Comme une respiration cosmique, les cycles se succèdent indéfiniment sous l'œil de la trilogie divine : Shiva, Brahma et Vishnu.

L'influence d'Aristote

Ce bref panorama des mythologies traditionnelles nous a permis d'identifier quelques éléments récurrents. L'image d'un univers initial chaotique, mis en forme par un élément organisateur, intéresse particulièrement le cosmologiste contemporain.

Pendant longtemps, l'idée de cosmologie est restée étrangère au monde des scientifiques. On raconte que Rutherford, célèbre physicien anglais du début de notre siècle, ne tolérait pas ce mot dans son laboratoire.

La science ne possédait pas, jusqu'à très récemment, les outils requis pour construire une « théorie globale du cosmos ». L'idée d'un univers statique s'y est en quelque sorte imposée « par défaut ». Par manque de raisons de penser autrement. Historiquement, la nécessité d'affranchir la science des présupposés de nature religieuse a sans doute prêté un puissant appui psychologique à la notion d'un cosmos éternel et sans création.

Nous utiliserons le terme de « cosmologie statique » pour décrire cette vision du monde. Non seulement l'univers existe depuis toujours mais il n'a pas d'histoire. Rien d'important ne s'y passe jamais. Notons en passant qu'une cosmologie d'éternité, celle des hindouistes par exemple, n'est pas nécessairement statique.

La cosmologie d'Aristote nous offre l'exemple classique d'une cosmologie statique. Pour ce philosophe grec, qui vécut au IVe siècle av. J.-C., le monde est divisé en deux grands domaines. Ce qui est « sous la Lune » (infralunaire) est soumis au changement : le bois pourrit, le fer rouille, les montagnes s'érodent et les vallées se comblent. Ce qui est au-dessus de la Lune (supralunaire), à l'inverse, est inaltérable et impérissable. Rien n'y change jamais. Incréées et éternelles, les étoiles offrent l'image de la permanence du cosmos. Chaque année, les constellations reprennent fidèlement leurs positions dans le ciel. L'univers a toujours existé et il existera toujours, éternellement semblable à lui-même[3].

L'influence de la pensée d'Aristote sur le développement de la culture occidentale fut considérable. Le mot « paradigme » sert souvent à dénoter les systèmes d'idées que les penseurs d'une période prennent pour acquis. Ce que, d'un commun accord, on ne remet pas en question. La base stable à partir de laquelle, et sur laquelle, les enjeux sont débattus. L'univers éternel et statique d'Aristote a longtemps été un paradigme de la pensée philosophique et scientifique.

Les cosmologies de création n'avaient d'autres justifications que le poids des traditions qui les avaient fait connaître. Justifications dont la pensée scientifique se méfiait par-dessus tout. Cette méfiance durable n'est sans doute pas sans rapport avec la difficulté, pour certains chercheurs, à remettre en question la notion de « cosmos statique », quand les preuves se sont accumulées contre elle.

Les surprises de la cosmologie scientifique

Dans les chapitres qui suivent, je raconterai comment, au début de ce siècle, grâce à Albert Einstein, la science s'est donné les moyens de construire une « théorie de l'univers ». Utilisant sa méthode traditionnellement si fructueuse – dialogue entre l'observation et les concepts mathématiques –, elle a pu interroger la nature et sonder la structure du cosmos. Les résultats furent pour le moins stupéfiants.

Première surprise : l'univers n'est pas statique ; il est en évolution. Le changement y règne. Les observations d'Aristote étaient trop limitées. Vu par nos télescopes et autres instruments de mesure, l'univers d'aujourd'hui ne ressemble en rien à celui d'il y a quinze milliards d'années. Les prochains chapitres nous en présenteront les différences.

Deuxième surprise : on y retrouve l'image d'un univers

primordial chaotique, informe et sans organisation. Ainsi que celle d'une structuration progressive du cosmos. Les forces physiques, régies par des lois précises et universelles, sont les éléments organisateurs. L'histoire de l'univers est l'histoire de la croissance de la complexité à l'échelle cosmique

Troisième surprise : ces lois possèdent des propriétés remarquables. Elles nous paraissent « finement ajustées » pour promouvoir la complexité. Des variations infimes des valeurs numériques qui les spécifient suffiraient à rendre l'univers stérile. Aucune forme de vie, aucune structure complexe n'y serait jamais apparue. Même pas une molécule de sucre, même pas un atome de carbone... Les lois possédaient déjà, dès les premiers temps, la capacité de donner naissance à la complexité, à la vie et à la conscience. Sans ce « réglage fin » de leurs propriétés, rien de cela n'aurait été possible. Un univers régi par des lois, disons « quelconques », n'engendre pas d'observateur. Ces affirmations prendront un sens plus précis dans les prochains chapitres.

Même si nous ignorons le sens profond de cette constatation, il convient de reconnaître qu'elle n'est pas banale. On ne la repousse pas d'un revers de la main. Il importe de savoir et de pouvoir coexister avec ce qui nous échappe...

Aristote n'a pas perçu le caractère évolutif du cosmos. Pourtant, certaines notions qui lui sont chères semblent particulièrement adaptées à décrire l'histoire du monde. On peut y voir une « actualisation » des propriétés structurantes de la matière cosmique, déjà en « puissance » dans la forme des lois de la nature. Le miracle de la vie n'est pas qu'elle soit apparue il y a trois milliards cinq cents millions d'années sur notre planète. C'est qu'elle ait *pu* apparaître quelque part dans l'univers. C'est qu'elle était déjà « en puissance » au moment du Big Bang, dans la forme des lois qui régnaient sur la matière chaotique et incandescente.

Autrement dit, le plus stupéfiant c'est que, dans l'ensemble des lois possibles, il en existe qui *puissent* promouvoir la complexité. Que ce « réglage fin », que nous décrirons plus en détail ultérieurement, ait été *possible*, voilà ce qui est vraiment digne de notre attention.

Coïncidences ou connivences ?

Les analogies entre le message des cosmologies d'origine et ces découvertes récentes de la science moderne sont surprenantes. Par exemple, l'image d'un chaos initial s'organisant au cours des âges. Faut-il y voir l'effet d'une intuition prémonitoire ? Ou seulement une coïncidence sans signification profonde ? Ces récits d'origine, nous l'avons vu, ne sont pas universels. L'existence de cosmologies sans origine (en Inde, par exemple) pourrait appuyer l'idée d'une coïncidence. On pourrait aussi objecter que, dans la multitude des cosmologies traditionnelles, on devait « fatalement » retrouver la « bonne » réponse. Ces objections, pourtant, ne me paraissent pas clore le débat. A vouloir éluder systématiquement le mystère, on risque de négliger des pistes précieuses [4].

Les connivences entre l'esprit humain et l'univers que ces analogies cosmologiques pourraient indiquer ne sont pas choses nouvelles pour le scientifique. L'extraordinaire efficacité des mathématiques, inventées par le cerveau humain, à décrire certains aspects du monde réel a toujours été pour le physicien un motif d'émerveillement. Les mesures confirment la théorie quantique avec une précision qui dépasse quelquefois une partie dans un trillion (un million de millions). D'où vient à l'esprit humain l'aptitude à créer des concepts aussi performants ? Arriverons-nous jamais à une explication satisfaisante de cette aptitude ?

Un filon s'impose à nous au départ. *Rappelant que le cerveau humain est le fruit de l'évolution cosmique régie par les lois de la physique, il faudrait supposer que cette origine lui en assure, d'une façon mystérieuse, une connaissance innée.* Malheureusement, il nous est bien difficile d'aller au-delà de cette hypothèse intéressante mais gratuite.

Le problème des « valeurs »

Un point fondamental différencie les cosmologies religieuses des cosmologies scientifiques : l'élément organisateur n'y joue pas le même rôle. Chez les premières, il fonde les valeurs et fournit le sens de la vie. A l'inverse, les lois naturelles, organisatrices du cosmos physique, ne sont nullement porteuses de sens. Elles se contentent de promouvoir la complexité des systèmes. Le « bien » et le « mal » leur sont étrangers. Elles sont strictement amorales.

Cette amoralité des lois physiques pose problème à la croissance de la complexité. L'efficacité que ces lois assurent aux systèmes qu'elles organisent pourrait mettre toute l'entreprise en péril. Les crises planétaires de notre monde contemporain nous en offrent une illustration dramatique. Personne ne sait aujourd'hui si la complexité est « viable ».

Le cerveau humain est la structure la plus complexe à notre connaissance. Ce chef-d'œuvre de la nature utilise ses meilleurs talents pour élaborer un arsenal nucléaire qui pourrait bien l'exterminer. S'il évite l'holocauste nucléaire, il est encore menacé par sa propre pollution (effet de serre, trou d'ozone, déchets variés). L'élimination de la vie terrestre porterait un sale coup à la croissance de la complexité.

La question du « comment fonctionne le monde » a fait au cours des siècles derniers des progrès considérables. Tel n'est pas le cas pour le « comment vivre ». Les sagesses traditionnelles ont largement perdu leur impact. L'urgence de la menace planétaire repose la question du sens de la vie et du fondement des valeurs morales.

Les crises planétaires mettent en évidence les rôles respectifs des cosmologies religieuses et scientifiques. Le rôle des premières n'était pas d'explorer le passé de l'univers mais de fonder la loi morale et d'enseigner la sagesse de vivre. Face à ces objectifs, il importe peu que le monde se soit constitué en quinze milliards d'années plutôt qu'en sept jours et que le chaos initial ait baigné dans une éblouissante lumière plutôt que dans une profonde obscurité.

3. Explorateurs, préhistoriens et détectives

Pour aborder correctement la cosmologie contemporaine, il importe de trouver le bon point de départ. Les connaissances peuvent alors se situer dans leur juste perspective. L'éclairage est satisfaisant et les risques de confusion sont minimes.

On peut comparer la démarche du cosmologiste à trois autres démarches professionnelles : celle de l'explorateur, celle du préhistorien et celle du détective. Ces analogies nous aideront à démarrer correctement.

Les explorateurs du passé cosmique

Avec la visite des régions polaires, au début de notre siècle, s'est terminé un des grands projets de l'humanité : l'exploration systématique de la planète Terre. Cette entreprise s'étend aujourd'hui à l'ensemble du système solaire.

Qui n'a pas lu dans sa jeunesse les récits des voyages de ces intrépides aventuriers de la science ? Sur des navires spécialement affrétés, des scientifiques s'embarquaient pour quelque lointain territoire. Mandatés par leur Académie des sciences, le géographe, le géologue, le botaniste, le zoologiste avaient pour mission d'étudier, dans leur spécialité, le domaine encore inconnu. Des îles polynésiennes, par exemple, on connaissait déjà l'emplacement et le contour des côtes. Le géographe apportait dans ses bagages les cartes dressées par les navigateurs. Sur la périphérie côtière, les estuaires et les montagnes visibles de la mer étaient déjà dessinés.

Les rivages où mouillaient les navires marquaient le départ du projet. S'enfonçant dans l'île, les scientifiques de service notaient consciencieusement les particularités du territoire : plaines, montagnes, fleurs, animaux, populations indigènes, etc. A intervalles plus ou moins réguliers, ces chercheurs dressaient des bilans de leurs activités. Au cours des années, la carte géographique de l'île s'enrichissait des nouvelles données. Chacun pouvait suivre les progrès de l'entreprise.

Ces cartes, conservées dans les archives historiques, portent généralement, en leur partie centrale, une zone blanche. Elle dénote les territoires encore vierges, encore à explorer. Il était traditionnel d'y inscrire les mots *terra incognita* : terre inconnue. La frontière de cette zone délimitait « ce qu'on connaissait déjà » de « ce qu'on ne connaissait pas encore ». Elle marquait l'horizon du savoir géographique à une époque donnée. Grâce aux labeurs des explorateurs, cet horizon reculait d'année en année.

Si quelqu'un s'était avisé de demander : « Qu'y a-t-il, dans cette région blanche ? », on lui aurait naturellement répondu : « Attendez ! Nous ne le savons pas encore. Nous n'en sommes pas encore là ! »

Comme l'explorateur, l'astrophysicien explore un domaine : le vaste et mystérieux continent du passé. Le premier quittait les rivages connus pour s'enfoncer dans les zones inconnues ; le second part *d'aujourd'hui* et progresse à rebours dans le territoire du temps écoulé.

Cette exploration du passé se poursuit depuis plusieurs décennies. Les progrès sont considérables. Nous sommes en mesure de présenter, accompagnées de documents pertinents, des chronologies atteignant plusieurs milliards d'années écoulées. « A telle date, il y a eu ceci... », « L'univers se présentait alors comme cela... », etc. Ces chroniques constituent les divers chapitres de ce livre.

Figure 3 A. La « *terra incognita* ».

Comme les explorateurs, nous avons notre *terra incognita cosmologique*, la limite temporelle au-delà de laquelle nous ne pouvons rien dire. Notre hoiizon du savoir contemporain. Comme celle des géographes, notre frontière entre le connu et l'inconnu est mouvante. Grâce aux travaux des physiciens et des astrophysiciens, elle recule au cours des années. Les nouvelles observations affinent, confirment ou infirment les idées en place et suggèrent, à leur tour, les projets d'expériences dont dépendront les avancées futures.

Dans cette remontée aux sources, nous pénétrons beaucoup plus loin qu'il y a vingt ans. Et nous avons toutes raisons d'espérer que, dans vingt ans, des zones aujourd'hui ignorées nous seront accessibles. L'exploration du passé est un processus en devenir...

Pénombres de connaissance

Exploitons encore notre comparaison. Entre la *terra incognita* et les domaines bien répertoriés de nos géographes insulaires, s'étendait une zone intermédiaire nébulaire : une sorte de pénombre de la connaissance. Les renseignements y étaient partiels, flous et sujets à caution. Rumeurs et fantasmes y cohabitaient.

De même, l'astrophysicien délimite les zones du passé où la crédibilité, sans être nulle, reste précaire. Il connaît les chapitres sur lesquels il convient de s'exprimer avec la plus grande prudence. Il peut y errer longtemps avant de trouver sa route.

« Comparaison n'est pas raison », dit le proverbe. L'analogie entre le projet de l'astrophysicien et celui de l'explorateur-géographe est marquée d'un point faible. La zone blanche du géographe est limitée. Sa surface décroît avec les années. Quand les explorateurs se rejoignent au cœur de la *terra incognita*, quand Stanley donne la main à Livingstone, le projet est achevé. A une certaine date, on a terminé l'exploration de l'Australie. L'astrophysicien n'a aucune raison d'en espérer autant. Les frontières du passé échappent à notre entendement. Rien ne garantit qu'un jour cette exploration sera terminée.

Cette comparaison avec le géographe-explorateur nous place en bonne position pour répondre à l'incontournable question : « Qu'y avait-il avant le Big Bang ? » Le Big Bang est *l'horizon de l'astrophysicien*, la limite toujours mouvante de son exploration du passé.

Face à la question : « Qu'y a-t-il dans la *terra incognita cosmologique* ? », l'astrophysicien, comme son collègue géographe, peut répondre : « Attendez, nous n'y sommes pas encore ! »

Y serons-nous jamais ? La cosmologie sera-t-elle un jour terminée ? Certains auteurs, dont l'astrophysicien anglais Stephen Hawking, le pensent. Personnellement, je crois qu'il s'agit d'un mirage. Plus on s'en approche, plus il régresse dans le lointain.

L'horloge conventionnelle

L'image de l'explorateur nous livre un message : il faut aller de ce qu'on connaît et progresser vers l'inconnu, et non pas l'inverse. Nous partirons *d'aujourd'hui* et nous progresserons vers le passé. Notre chronologie commencera à rebours, à partir du moment présent.

Dès lors que signifient des phrases souvent utilisées comme : « L'univers est "né" il y a quinze milliards d'années », « Les trois premières minutes » ? Qu'est ce traditionnel « temps zéro » qui marque, dit-on, la création de l'univers et à partir duquel on date les événements du cosmos ? Nous ne savons rien de la création de l'univers. Elle se situe pour nous à l'intérieur de la *terra incognita cosmologique*...

Historiquement, l'idée de cette chronologie est née de la façon suivante :

Les observations (chapitre 5) nous montrent que plus on recule dans le temps plus la matière cosmique est chaude et dense. D'où la tentation d'appeler « temps zéro » le moment hypothétique où la densité et la température étaient infinies. La chronologie cosmique y trouvait naturellement son point de départ.

Mais on a découvert que ces infinis sont des mythes. Selon la physique quantique, au-delà d'une certaine valeur, les concepts mêmes de température et de densité perdent leur sens. Nous entrons dans la *terra incognita* de la connaissance.

Dans ce livre, à l'image des explorateurs, nous irons du connu vers l'inconnu. Et pourtant, en dépit de cette difficulté, nous utiliserons également cette horloge traditionnelle. D'abord parce qu'elle est largement employée dans la littérature. Ensuite parce qu'elle est commode. Elle nous permet un balisage du temps correspondant à celui de la température.

Mais nous ne perdrons pas de vue son caractère fictif et conventionnelle. La phrase « l'univers, à une époque donnée, était à dix milliards de degrés » a un sens précis. Les mots « il avait alors une seconde » supposent, à tort, qu'on connaît déjà le déroulement de l'histoire antérieure, jusqu'au cœur de la *terra incognita.*

L'historien du cosmos

Les différentes cosmologies n'ont pas toutes le même regard sur les temps révolus. Pour les cosmologies statiques, le passé est sans importance. Si rien ne change jamais, pourquoi s'intéresser à l'histoire ? Pourquoi étudier les révolutions antérieures de la Terre autour du Soleil, si elles sont identiques à celle d'aujourd'hui ?

A l'inverse, dans un contexte historique, le passé détient les clefs du présent. Des événements ont eu lieu, qui ont laissé leurs empreintes. Pour apprécier correctement le monde contemporain, il est essentiel de connaître l'histoire des époques antérieures. La tâche de l'astrophysicien ressemble à celle de l'historien, mieux encore, à celle du préhistorien. Chacun, à sa façon, doit retrouver les traits du passé et justifier, par des arguments convaincants, la valeur de sa restitution. Que ses hypothèses ne soient pas seulement le reflet de son imagination fertile. Qu'elles s'établissent sur des fossiles dûment collectés et correctement interprétés.

Comment vivaient les premiers habitants de l'Europe ? Il faut d'abord identifier leurs lieux d'habitation. La grotte de Tautavel, près de Perpignan, en offre un exemple. On y a découvert le plus vieux crâne européen. Occupée d'une façon sporadique, cette vaste caverne étale devant nous ses sept cent mille ans d'histoire humaine.

Cette grotte est maintenant inhabitée, sauf par la joyeuse équipe des fouilleurs qui s'y retrouve tous les étés. Pour reconstituer la vie de nos ancêtres, le préhistorien étudie les vestiges abandonnés en strates successives, sur plusieurs mètres d'épaisseur. Un réseau de fils, tendus dans le volume de la caverne, en spécifie chaque point de l'espace, jusqu'aux niveaux les plus anciens de l'occupation humaine. Grâce à ce maillage, le scientifique peut situer, dans leur contexte historique, les fossiles qu'il extrait de leur gangue pierreuse. Pierres taillées, pointes de flèches, ossements d'animaux débités d'une façon particulière sont, pour lui, autant de vestiges éloquents de ces époques révolues. Ils lui servent à reconstituer le mode de vie et le comportement de nos ancêtres, à diverses périodes de leur histoire.

La valeur de ses conclusions dépend d'abord de son habileté à débusquer des fossiles. Sa crédibilité passe par là. Sans fossiles, son discours est vain. A cela s'ajoute, ensuite, la tâche redoutable de l'interprétation. De l'avis des meilleurs experts, nous ne savons pas encore précisément pourquoi les peintres de Cro-Magnon ont orné les parois de Lascaux [5]...

Fossiles cosmologiques

Les « fossiles » que collectionnent les astrophysiciens posent des problèmes analogues. Il ne s'agit plus de silex taillés ou de bois sculptés. Dans un sens généralisé, un « fossile » est un vestige du passé. Une entité dont la structure et les propriétés, établies il y a très longtemps, se sont conservées intactes, ou, en tout cas, sont reconnaissables. En astrophysique, il s'agira de rayonnements, de populations d'atomes, ou de configurations géométriques à l'échelle astronomique.

Comme le préhistorien, l'astrophysicien doit, en premier lieu, identifier correctement ces fossiles et démontrer qu'ils portent la mémoire des temps anciens. Il doit, ensuite, en percevoir l'interprétation correcte et la justifier par des arguments satisfaisants. Alors seulement notre connaissance du passé aura progressé.

Les fossiles astrophysiques ne manquent pas. Certains semblent assez faciles à interpréter. Ils jalonnent notre sentier historique. D'autres nous résistent encore. Nous fondons sur eux nos espoirs d'explorer la *terra incognita.*

Dans la majorité des cas, la détection des fossiles relève d'une technologie sophistiquée et coûteuse. Il en est un pourtant dont l'identification est à la portée de tous. C'est le nombre de dimensions de l'espace dans lequel nous vivons. Notre univers possède trois dimensions spatiales : haut-bas, gauche-droite, avant-arrière. Pourquoi trois ? Pourquoi pas deux ou soixante-quatre ?

Nous verrons (chapitre 7) que ce « choix » est fondamental pour l'apparition de la vie dans l'univers. Selon certaines théories de la physique moderne, ce nombre était autrefois beaucoup plus élevé (9 ou 10). Il aurait ensuite décru jusqu'à trois. Ces théories, encore fort spéculatives, pourraient nous ouvrir des horizons nouveaux sur la nature de la matière et sur l'évolution du cosmos.

Regarder loin, c'est voir tôt

L'astrophysicien possède sur le préhistorien un avantage précieux. Il peut remonter le temps et voir en direct le passé de l'univers. Un rêve dont les historiens terrestres sont à jamais coupés. Cet avantage lui vient du fait que la lumière ne se déplace pas instantanément. Elle met du temps pour aller d'un point à un autre. A notre échelle, sa vitesse paraît grande : 300 000 kilomètres par seconde. Elle peut faire huit fois par seconde l'équivalent du tour de la Terre !

Mais à l'échelle astronomique, elle se traîne ! Quand elle nous arrive de la galaxie d'Andromède (visible à l'œil nu près de la constellation de Cassiopée par les claires nuits d'été), la lumière nous rend fidèlement l'aspect que présentait cette galaxie il y a deux millions d'années. Les photons provenant des galaxies les plus lointaines voyagent depuis plus de dix milliards d'années.

Le record est détenu par les photons du rayonnement fossile

(chapitre 6). Ce sont les plus vieux photons de l'univers. L'image qu'ils véhiculent nous laisse voir en direct les temps les plus anciens du cosmos. D'autres particules, les neutrinos et les gravitons, portent en principe des images plus anciennes (chapitre 6). Mais nous ne savons pas encore les intercepter…

Les Sherlock Holmes du Big Bang

La tâche de l'astrophysicien ressemble encore à celle du détective des romans policiers.

Il y a eu un crime. La baronne a été empoisonnée à l'arsenic. Pour mener son enquête, le détective cherche des traces, questionne à gauche et à droite, collectionne les indices. Aucun renseignement ne doit être négligé. Le neveu à héritage, la servante aigrie, l'ancien amant outragé sont autant de suspects. De plus, la baronne aurait été mêlée à un trafic de drogue. Pour chaque candidat, le détective tente d'élaborer un scénario plausible. Tous les indices et les renseignements doivent s'y insérer naturellement. Mais décider de ce qui est « naturel » n'est pas toujours aisé. Il faut quelquefois tout l'art subtil du détective.

Jugeant ensuite ces scénarios à leurs mérites, il établira son « meilleur choix » (au sens où l'entend l'Union des consommateurs). Le meilleur rapport qualité/prix. Celui qui, avec le nombre minimal d'hypothèses, rend compte « naturellement » du plus grand nombre d'observations. Comme aux courses, il pariera (mentalement) sur son hypothèse favorite, conscient du fait que d'autres scénarios peuvent également avoir quelques mérites.

Pour confirmer son choix, le détective possède encore une arme : l'argument prédictif. Son hypothèse comporte des implications et suggère de nouvelles enquêtes. Il peut en prévoir les résultats. Les prédictions vérifiées confirment le scénario choisi. Elles sont la pierre de touche d'une enquête bien menée.

Comme le détective, l'astrophysicien arrive sur les lieux

quand les jeux sont faits. Il doit reconstituer des événements auxquels il n'a pas assisté. Il dresse la liste des scénarios cosmologiques plausibles. L'ensemble des observations astronomiques doivent y trouver une explication naturelle. Dans ce contexte cosmique, si loin de notre expérience, les mots « plausible » et « naturel » sont d'un usage encore plus délicat. Le test des observations futures en est d'autant plus crucial.

Plus un scénario paraît insolite, plus le détective sera exigeant quant à la qualité des arguments en sa faveur. L'extravagance du Big Bang implique la plus grande rigueur à son égard. Au cours des chapitres suivants, nous décrirons la séquence impressionnante des « examens » qu'il a passés avec brio. Ces tests réussis sont, en fait, sa seule et véritable légitimation. Ils justifient la profonde séduction qu'il exerce sur les esprits contemporains. Ils nous rassurent : nous ne sommes pas simplement obnubilés par « notre besoin de comprendre ».

Le territoire du temps

L'image de l'explorateur nous propose la visite du temps passé. Celle du préhistorien nous apprend la méthode à suivre : la recherche des fossiles. Celle du détective met en valeur l'importance des prédictions vérifiées.

Mais avant de nous engager sur cette voie, des questions se posent : de quelle nature est ce territoire du temps que nous nous préparons à investir ? A-t-il la fermeté des sols sur lesquels les explorateurs posaient les pieds ? Qu'est-ce que le temps ? Quel rapport y a-t-il entre cette réalité mystérieuse – qui nous entraîne tout au long de notre existence et dont nous percevons dans notre miroir les traces du passage – et le découpage simpliste que nos horloges nous en donnent ?

Pour décrire le monde, le physicien vide le temps de sa riche et mystérieuse texture. Comme l'eau épouse la forme du récipient dans lequel elle se trouve, le temps n'est plus, pour lui, qu'un « contenant » dans lequel le monde est « contenu ». Ce dépouillement se justifie au titre de la rentabilité. Il permet à l'astronome de prédire les éclipses de Soleil l'an prochain et sa mort dans cinq milliards d'années.

Le balancement monotone d'un pendule marque pour nous l'image du temps qui passe. Une horloge ancienne entretient notre méditation. Le lent balancier passe de droite à gauche, puis de gauche à droite. Le temps y est sectionné en unités bien définies, facilement dénombrables. La durée d'une oscillation se mesure en secondes. La période de révolution de la Terre autour du Soleil définit l'année. Des phénomènes périodiques associés à la lumière émise par les atomes de césium se mesurent en unités infinitésimales.

Les pendules n'ont pas toujours existé, ni la Terre ni les atomes de césium. Pourtant, la seconde (ou l'année) étant définie, le physicien décide arbitrairement d'en extrapoler le concept pour arpenter le territoire du temps. Peut-il remonter indéfiniment le cours du temps, dénombrant à rebours un nombre toujours croissant de secondes ou d'années ? Le temps poursuivait-il sa marche inexorable il y a, disons, mille milliards d'années ? Ou mille milliards de milliards d'années ? Peut-on espérer donner une réponse sensée à une telle question ?

L'explorateur digne de ce nom prend conscience des difficultés de sa démarche mais ne se laisse jamais décourager. La hardiesse est sa première qualité. « Où est le sentier ? Pas de sentier ! Dans l'inconnu ! » dit le Faust de Goethe. Il s'engage sur un territoire vierge, sans s'inquiéter de la fermeté du sol. Il s'avance aussi loin que possible, abordant les difficultés à mesure de leur apparition. « Ne traverse pas le pont avant d'y arriver », disait mon père... Les difficultés liées à la notion de temps reviendront à leur heure. Il sera toujours temps de les aborder[6].

Relevés de terrain

A l'exemple des explorateurs terrestres, nous ponctuerons notre voyage vers le passé par une séquence de bilans d'exploration sous forme de « relevés de terrain ». Sur le territoire du temps, les observations importantes seront inscrites ainsi que les avancées qu'elles nous permettent. Ces cartes nous aideront à récapituler les étapes antérieures et, ainsi, à suivre la progression de notre entreprise.

4. Les malaises de l'univers statique

Au cours des siècles, l'idée d'un univers statique et immuable, héritée de la pensée aristotélicienne, s'est révélée progressivement inconfortable. Bien avant l'avènement de l'astronomie moderne, plusieurs observations et raisonnements théoriques la remettait en cause. L'édifice idéologique montrait d'inquiétantes fissures. Ce chapitre va en décrire quelques-unes. Elles vont préparer l'arrivée de la cosmologie contemporaine.

L'éclat du ciel

Vers la fin du XVIe siècle, grâce à Copernic et Galilée, la Terre devient un astre comme les autres. Les étoiles quittent leur antique « sphère céleste » et prennent le large. Ce sont d'autres « Soleils » mais combien plus éloignés. L'univers des astronomes prend des dimensions formidables. L'espace est parsemé d'astres, peut-être jusqu'à l'infini.

Dans un univers statique, les étoiles existent depuis toujours. En brillant, elles déversent de l'énergie lumineuse dans l'espace. Cette énergie s'accumule depuis un temps infini. Le ciel devrait, en conséquence, briller d'un éclat infini. D'où la question : pourquoi la nuit est-elle noire ?

Ce problème a été formulé pour la première fois par l'astronome Kepler. Son énoncé était différent mais équivalent. Si les populations d'étoiles s'étendent jusqu'à l'infini, disait-il, la ligne de visée du regard finira toujours par en intercepter une. La lumière des étoiles lointaines est atténuée par la distance mais cette atténuation est compensée par le nombre d'étoiles distantes. L'œil accumule la lumière venant de toutes les distances. Dans un univers infini, le flux lumineux serait donc infini ! (Aujourd'hui, on formulerait cet énoncé en parlant des galaxies plutôt que des étoiles.)

Mais il faut corriger ce calcul. Les étoiles ne sont pas de simples points lumineux ; elles ont une surface étendue. Pour l'observateur terrestre, les disques des astres finissent par se masquer les uns les autres. Comme les feuilles des arbres de la forêt lointaine. La portée du regard ne s'étend pas jusqu'à l'infini.

Cette correction justifiée ne résout pas pour autant le problème. Sans être infinie, la luminosité du ciel resterait quand même démesurée. Elle devrait être comparable à celle du disque solaire. L'espace tout entier serait alors aussi chaud que la surface du Soleil (6 000 K). La Terre n'aurait jamais pu se condenser. L'obscurité de la nuit est favorable au sommeil, mais le problème de l'obscurité de la nuit va, dans les siècles qui suivent, empêcher bien des gens de dormir…

Un élément essentiel à la solution de ce problème vint avec la découverte, par Römer, de la vitesse finie de la lumière. Elle ne se propage pas instantanément. Le délai entre son émission et son absorption joue un rôle essentiel dans toute la cosmologie.

Un écrivain visionnaire : Edgar Allan Poe

Edgar Allan Poe est un poète américain du siècle dernier, traduit en français par Charles Baudelaire. Fort intéressé par l'astronomie, il découvre, le premier, l'importance cosmologique de ce délai de la lumière. Dans *Eurêka*, il nous livre ses réflexions :

« Si la succession des étoiles était illimitée, l'arrière-plan du ciel nous offrirait une luminosité uniforme, comme celle déployée par la Galaxie, puisqu'il n'y aurait absolument aucun point dans tout cet arrière-plan où n'existât une étoile. Donc, dans de telles conditions, la seule manière de rendre compte des vides que trouvent nos télescopes dans d'innombrables directions, est de supposer cet arrière-plan placé à une distance si prodigieuse qu'aucun rayon n'ait jamais pu parvenir jusqu'à nous. »

On pourrait lui objecter que, si l'univers est éternel, tous les rayons, de quelque distance qu'ils viennent, ont eu le temps de parvenir à nous. La phrase de Poe laisse entendre, sans le spécifier, qu'il a trouvé la bonne réponse. Implicitement, il a compris que l'univers n'est pas éternel. Que son âge est inférieur au temps mis par la lumière à nous parvenir de ce lointain « arrière-plan ». Et que cet âge limité de l'univers explique l'obscurité du ciel.

La réponse contemporaine au problème de la nuit noire comporte deux volets. Le premier est celui de Poe : nous savons maintenant que les étoiles n'ont pas toujours existé. Les plus vieilles ont passablement moins de vingt milliards d'années. A l'échelle astronomique, cette durée est trop courte pour remplir l'espace de leur lumière.

De surcroît, et c'est le second volet, cet espace est en expansion. La lumière émise par les étoiles se raréfie progressivement à mesure que se dilate le volume d'espace dans lequel elle se propage. La nuit devient de plus en plus noire. L'obscurité de la nuit contient un message que les astronomes ont mis plus de quatre siècles à déchiffrer : l'univers n'est ni éternel ni immuable…

Les étoiles sont périssables

Pour Aristote, les lois du ciel diffèrent des lois de la Terre. Formées d'une matière pure, les étoiles ne sont pas soumises au changement. Quand, deux millénaires plus tard, Galilée et Newton prouvent l'universalité des lois de la nature, ils minent irrémédiablement l'image aristotélicienne d'un ciel inaltérable. La Terre et les étoiles sont soumises aux mêmes lois. Et ces lois promulguent le changement.

Au XIXe siècle, la thermodynamique prononce l'arrêt de mort des étoiles. Les notions d'énergie et d'entropie ne s'accommodent pas de leur éternité présumée. Comme n'importe quelle lampe, les astres brillent en consumant de l'énergie. Quand les réserves sont épuisées, la lampe et l'étoile s'éteignent.

Vers les années 30, les physiciens identifient la source de l'énergie stellaire. Les étoiles sont des réacteurs thermonucléaires. Elles obtiennent leur énergie en combinant des noyaux légers en noyaux plus lourds. La formidable quantité d'énergie dégagée par ces réactions permet aux étoiles de briller pendant des milliards d'années. Cette longévité explique sans doute l'affirmation d'Aristote. A l'échelle de la vie humaine, les étoiles paraissent immuables. Nous savons maintenant que leurs jours sont comptés (même si le nombre en est considérable : plusieurs milliers de milliards de jours pour notre Soleil, par exemple).

La stabilité des orbites planétaires

L'inlassable répétition des orbites planétaires constituait pour Aristote une indication supplémentaire en faveur de la stabilité du ciel. Au début du XVIIe siècle, Kepler énonce les lois du mouvement des planètes autour du Soleil. Ces astres décrivent des orbites elliptiques dont le Soleil occupe un des foyers. Ces trajectoires sont stables et se répètent indéfiniment. Selon Kepler, l'avenir du système solaire est inscrit dans son passé. Jusque-là, tout colle bien avec l'intuition aristotélicienne. Mais pas pour longtemps.

Quelques décennies plus tard, Isaac Newton découvre l'attraction universelle. La force de gravité, induite par le Soleil, impose aux planètes les trajectoires elliptiques observées par Kepler.

A première vue, tout continue à bien aller. Pourtant, il y a un « mais »... La loi de gravité implique que *tous* les corps du système solaire s'attirent les uns les autres. L'influence mutuelle des planètes déforme les orbites. Ces altérations sont faibles. Cependant, à long terme, elles compromettent la stabilité des trajectoires planétaires. Les orbites doivent forcément se modifier au cours des ères.

Newton ne sait pas comment retirer le pavé qu'il vient de jeter dans la mare de Kepler. Il se voit obligé de faire appel à une cause surnaturelle. Pour Newton, nous dit l'astronome français Jean Laskar, l'agencement du monde « est le fait d'un être intelligent et tout-puissant » et la stabilité du système solaire, compromise par la loi de gravité, ne doit son salut qu'à des interventions extérieures effectuées de temps en temps. Nous sommes bien loin de la pérennité aristotélicienne [7].

Plus tard, Laplace va se charger de corriger cette situation problématique. Il montre que, malgré ces influences mutuelles, les orbites planétaires sont beaucoup plus stables que ne le pensait Newton. Il est permis de voir dans sa réponse à Napoléon – « Je n'ai pas eu besoin de l'hypothèse divine » – une allusion à l'intervention divine proposée par Newton, dont il avait démontré l'inutilité.

Le problème n'est pas pour autant résolu. A plus ou moins long terme, les orbites planétaires ne sont plus prévisibles. Dans la terminologie contemporaine, elles sont « chaotiques ».

Dans ce contexte, Laplace apporte une seconde contribution. Elle prend la forme d'une théorie de l'origine du système solaire. Ainsi que l'avait suggéré Emmanuel Kant, le Soleil et les planètes proviennent de la condensation d'une nébuleuse gazeuse interstellaire. Aplatie par sa rotation, cette nébuleuse engendre notre Soleil en son centre et le cortège planétaire à sa périphérie. Contrairement à la pensée aristotélicienne, le Soleil et les planètes ne sont ni éternels ni invariants. Ils sont nés, tous ensemble, il y a 4,5 milliards d'années.

Message des équations d'Einstein

Aristote fondait sa thèse d'un univers éternel sur la pérennité du ciel, des étoiles et des planètes. Les progrès des connaissances scientifiques nous ont appris que la matière supralunaire n'est pas différente de la matière terrestre. Partout, le changement est la règle. Le bois pourrit et les étoiles meurent. Les planètes n'ont pas toujours existé et elles disparaîtront avec notre Soleil dans cinq milliards d'années.

Einstein allait porter un coup fatal à l'idée de l'univers statique. La loi du changement n'atteint pas seulement les habitants du cosmos (étoiles, planètes). Elle touche l'univers dans son ensemble ! Cette affirmation stupéfiante est inscrite dans les équations de la théorie de la relativité générale formulée en 1915. Einstein en a été le premier étonné.

L'histoire commence plusieurs siècles auparavant. Une image classique du folklore des physiciens nous montre Galilée au sommet de la tour de Pise. Il laisse tomber des sphères de masses différentes. Jetées ensemble, elles frappent le sol en même temps. Cette constatation intrigue Albert Einstein. Les masses lourdes sont plus fortement attirées par la Terre que les légères. Pourquoi ne tombent-elles pas plus vite ? Cette concordance des temps de chute contient, pense-t-il, un message fondamental sur la nature de la force de gravité. Sur cette piste, il repense le problème des corps qui tombent. Il formule sa réponse dans la *théorie de la relativité générale*.

Cette théorie bouleverse entièrement notre vision de la gravité. En prime, elle offre aux astronomes un cadeau inestimable : la possibilité d'étudier le comportement de l'univers dans son ensemble ; d'élaborer des « modèles d'univers ». C'est le début de la cosmologie scientifique.

L'inspection de ces modèles réserve une surprise. Les galaxies ne peuvent pas être immobiles dans le ciel. Les équations de leur mouvement leur offrent deux possibilités : se rapprocher mutuellement ou s'éloigner. Le cosmos est soumis à un mouvement global ; soit une expansion, soit une contraction. Mais l'immobilisme est exclu.

Une analogie nous sera utile. On observe, au-dessus du sol, une pierre, sans support. Notre expérience nous dit qu'elle ne peut pas être immobile. On l'a lancée. Ou bien elle s'élève ou bien elle redescend. Les équations d'Einstein, dans toute leur complexité, nous disent la même chose des galaxies. Le message est clair. L'univers dans son ensemble ne peut pas être statique. Expansion ou contraction ; le passé, forcément, était différent.

Naissance de la constante cosmologique

Einstein accepte mal le message que ses équations lui envoient. Il cherche à l'amender. Il y a un moyen. La structure mathématique des équations permet d'y ajouter un terme qu'on appellera la « constante cosmologique ». Ce terme joue le rôle d'une sorte de force fictive entre les galaxies.

Jusque-là, pas de problème. C'est la suite qui va devenir litigieuse. Pour retrouver à tout prix l'état statique tant souhaité, Einstein choisit d'assigner à cette constante cosmologique (cette nouvelle force) la valeur numérique requise pour compenser exactement l'attraction de la gravité entre les galaxies. L'univers redevient alors statique. Mais rien ne justifie ce choix arbitraire, sauf son aversion épidermique pour l'image d'un univers en changement.

Quelques années plus tard, les observations de Hubble mettent en évidence le mouvement d'éloignement des galaxies. De cette découverte naîtra l'idée d'un univers en évolution, dont la densité et la température décroissent avec le temps. Einstein regrettera amèrement cette « bévue ». Il y a de quoi, ses propres équations lui indiquaient, une décennie avant les mesures de

Hubble, le mouvement global des galaxies et le caractère dynamique du cosmos. Il aurait pu, quinze ans avant Hubble, annoncer la mort de la vision aristotélicienne…

5. La fuite des galaxies

L'obscurité du ciel nocturne ainsi que l'impermanence des étoiles et des planètes sont difficilement compatibles avec l'idée d'un univers éternel et immuable. Cela, les astronomes le savaient déjà à la fin du siècle dernier. Les objections à la stabilité du cosmos, formulées implicitement par les équations d'Einstein en 1915, ajoutaient leur poids au malaise ressenti face au modèle aristotélicien. Le terrain était prêt pour une révolution cosmologique profonde.

Tout au long de notre siècle, un ensemble d'observations cruciales donne le coup de grâce à l'univers statique. Celles-ci jouent un rôle fondamental dans l'élaboration de notre nouvelle vision du monde. Leurs résultats nous permettent de reconstituer, pas à pas, le lointain passé du cosmos. Chacune de ces observations fera l'objet d'un chapitre. Leur séquence va baliser notre itinéraire.

La première se situe vers les années 20-30. Elle porte sur l'étude des galaxies lointaines. C'est avec elle que nous commençons notre exploration des temps anciens. Elle nous ouvre la voie du passé.

A cette période, les astronomes démontrent définitivement que certaines « nébuleuses » du ciel ne font pas partie de notre Voie lactée. Leurs distances se mesurent en millions d'années-lumière et les placent bien au-delà du volume de notre galaxie. Il s'agit d'autres galaxies, plus ou moins semblables à la nôtre.

Les grands instruments astronomiques de cette époque, le télescope du mont Wilson et plus tard celui du mont Palomar, permettent la mesure de leurs vitesses. Cette mesure se fait à partir de l'effet Doppler-Fizeau. Par rapport à sa couleur réelle, la lumière d'un astre qui s'approche paraît plus bleue ; s'il s'éloigne, elle est plus rouge. L'astronome américain Edwin Hubble entreprend un programme d'études d'un certain nombre de galaxies. Il veut en déterminer à la fois les distances et les vitesses.

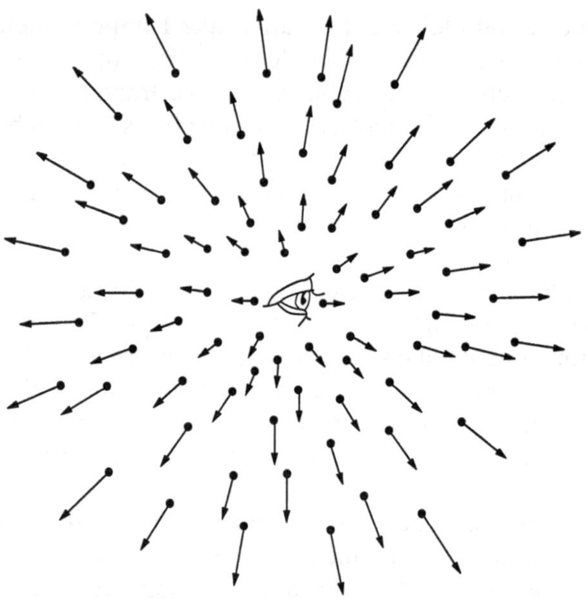

Figure 5 A. Un œil parmi les galaxies. Le dessin présente, sur un plan, l'image des mouvements galactiques observés par Edwin Hubble en 1930. Chaque point désigne une galaxie. Une flèche lui est associée, indiquant la grandeur et la direction de son mouvement. Les galaxies s'éloignent d'autant plus vite qu'elles sont plus distantes. L'image globale est celle d'un univers en expansion. Des observateurs situés sur d'autres galaxies en auraient la même représentation.

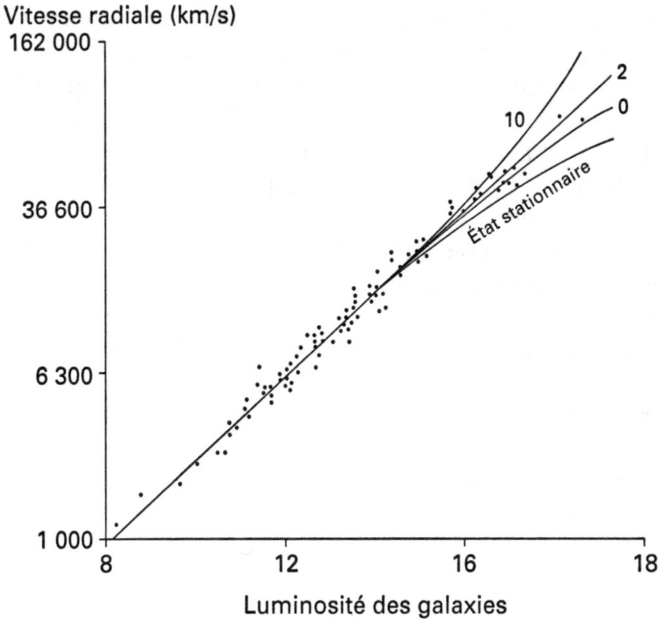

Figure 5 B. L'expansion des galaxies. Le schéma indique la vitesse d'éloignement des galaxies en fonction de leurs distances. La pente de la droite donne la « constante de Hubble ».
Horizontalement : la mesure de la distance est fournie par la luminosité des galaxies les plus brillantes de différents amas. Verticalement : les vitesses en kilomètres par seconde.
Les différentes courbes décrivent la relation vitesse-distance en fonction de la densité présumée de l'univers (en unités de la densité critique). Plus l'univers est dense, plus la courbe se situe à gauche dans le dessin. La comparaison avec les points observés montre que la densité réelle est inférieure à trois fois la densité critique. La courbe la plus basse est celle attendue dans un univers stationnaire. Elle semble incompatible avec les observations.

Des mesures analogues avaient déjà été effectuées auparavant sur les étoiles du ciel. Certaines s'approchent de nous, d'autres s'éloignent, d'une façon plus ou moins aléatoire. Edwin Hubble allait-il obtenir un résultat semblable sur ses galaxies ?

Dès les premières observations, la surprise fut grande. Le comportement des galaxies se montrait profondément différent de celui des étoiles. Sauf les plus rapprochées, elles s'éloignent toutes de nous. Et d'une façon très particulière : les plus lointaines se meuvent systématiquement plus vite que les plus proches. Une galaxie située à 10 millions d'années-lumière s'éloigne à 200 kilomètres par seconde, tandis qu'une autre galaxie, située à cent millions d'années-lumière nous fuit à 2000 kilomètres par seconde. La figure 5 A (p. 60) tente d'en donner une représentation.

Corrigeons ici une confusion fréquente. La découverte de Hubble n'implique nullement que les vitesses individuelles des galaxies *augmentent* avec le temps (voir figure 5 B, p. 61). Il s'agit de comparer ici des galaxies différentes[8].

Du point de vue d'un raisin cosmique

Tout se passe comme si l'univers, dans son ensemble, subissait un vaste mouvement d'expansion. Une sorte de gonflement dans lequel les galaxies sont entraînées à des distances mutuelles toujours croissantes.

On compare souvent ce mouvement à celui d'un ensemble de points (représentant des galaxies) dessinés sur un ballon qu'on gonfle. Cette comparaison prête facilement à confusion. Pour en saisir le sens précis, il faut savoir transposer une représentation à deux dimensions (la surface du ballon) dans un espace à trois dimensions (le monde des galaxies). Un lecteur peu familier avec ces transpositions peut se demander à quoi correspond le volume vide et croissant du ballon.

Je préfère, pour ma part, l'image du pudding aux raisins mis au four. Chaque raisin y figure une galaxie. La géométrie à trois dimensions du pudding est bien celle des répartitions galactiques dans l'espace.

On demande alors au lecteur d'enfourcher, par la pensée, un de ces raisins secs et d'observer le comportement de ses voisins. Tous les raisins s'éloignent de lui, les plus lointains plus rapidement que les plus proches. Il percevra un mouvement d'ensemble tout à fait comparable à celui des galaxies de Hubble. A condition, bien sûr, que la pâte du pudding ait été convenablement malaxée...

On lui demande maintenant d'enfourcher un autre raisin. Le spectacle sera le même... Ainsi en serait-il si nous étions sur une autre galaxie. Toutes les galaxies s'éloignent de nous mais nous ne sommes pas pour autant le centre du cosmos. L'univers est partout le même. Aucun *centre du monde* ne s'est jamais signalé à notre attention. Tous les points sont pareils !

Les comparaisons ont leurs faiblesses. Si certains aspects de leur imagerie collent à la situation qu'elles prétendent illustrer, d'autres, au contraire, entraînent des confusions. En se gonflant, notre pudding aux raisins occupe progressivement l'espace vide du four. Tel n'est pas le cas pour le monde des galaxies. Il ne s'étend pas dans un espace préalablement inoccupé. Il n'y a pas deux espaces ; un premier plein de galaxies et un second vide. Le monde des galaxies est *tout* l'espace.

Pour notre imaginaire habituel, ce point présente quelques difficultés. Pourtant, il est fondamental. Il faut s'y adapter. On y arrive avec quelques exercices... J'y reviendrai souvent.

Hubble découvre que le cosmos n'est pas statique

Revenons à l'observation fondamentale de Hubble. Pendant deux mille ans, à la suite d'Aristote, on a admis l'idée d'un univers statique, invariant dans le temps, éternellement le même. Le mouvement global des galaxies nous donne l'image contraire d'un univers en évolution. Les galaxies s'éloignent. Quand notre planète est née, de nombreuses galaxies étaient visibles de la Terre, à l'œil nu, qui ne le sont plus maintenant.

La fuite des galaxies impose une conclusion étonnante : le nombre de galaxies dans un volume d'espace décroît avec le temps. Une des propriétés fondamentales de l'univers, la densité de matière cosmique, n'est donc pas constante. Elle diminue. Au cours des ères, le cosmos se raréfie.

L'image d'un univers changeant a rencontré, dès le départ, beaucoup de résistance. Hubble lui-même n'a jamais cru que le rougissement des galaxies impliquait leur éloignement. Comme beaucoup d'astronomes de l'époque, il a cherché d'autres interprétations.

Plusieurs hypothèses sont alors étudiées. Deux chercheurs français, Jean-Claude Pecker et Jean-Pierre Vigier, introduisent l'idée d'une « fatigue de la lumière ». Pendant leur long périple, les photons perdraient de l'énergie. D'autres observations, portant sur l'apparence des disques galactiques, ont montré plus tard que cette hypothèse est intenable. De plus, selon la théorie quantique, la lumière est « infatigable ». Les succès extraordinaires de cette théorie nous invitent à ne pas prendre ses énoncés à la légère…

Dans le chapitre 3, nous avons comparé la démarche du scientifique à celle d'un détective. La situation présente nous en offre une illustration. Pour interpréter une observation – ici le rougissement des galaxies –, on établit d'abord une liste des interprétations possibles. Puis chacune est mise à l'épreuve. On en exige la cohérence avec les autres observations ainsi que la compatibilité avec les théories de la physique. Le « meilleur choix » se fait sur cette base éliminatoire.

Ce crible a une faiblesse : l'imagination limitée des chercheurs. Avons-nous vraiment fait le tour des possibilités ? N'y a-t-il pas un autre scénario auquel personne n'a pensé ? Comment affirmer le contraire ? Le scientifique sait qu'il lui faut vivre avec ce point faible. La science n'est jamais terminée, jamais définitive. Elle est continuellement passible d'une remise en cause. Les connaissances sont toujours provisoires...

Pour expliquer les observations de Hubble, l'élimination des hypothèses rivales a laissé place à l'interprétation la plus vraisemblable et la plus simple : l'éloignement mutuel des galaxies. Aucun autre scénario ne lui fait ombrage. Par la suite, la pertinence de ce choix a été largement corroborée par un ensemble de prédictions confirmées. Celles-ci seront discutées dans les chapitres suivants. Aussi ce scénario est-il généralement adopté par la communauté scientifique.

Quelques chercheurs persistent encore à le récuser. Cette résistance à adopter une hypothèse particulière tant que les autres n'ont pas été éliminées est naturelle, légitime et nécessaire. Mais l'acharnement de certains penseurs à refuser, pour des raisons dites « philosophiques », l'interprétation du rougissement en termes de mouvement des galaxies est plus étonnante. Il s'interprète, je crois, comme une résistance toute naturelle à un changement de paradigme.

Apologie des démarches tordues

Reprenons le problème en collant au plus près des observations de Hubble. Que nous disent-elles ? Aussi loin que nous regardions, les galaxies s'éloignent les unes des autres. Si nous fixons notre attention sur une paire de galaxies, leur distance mutuelle s'accroît. Un trio de galaxies forme un triangle dont la surface augmente sans que ses angles changent. A partir de là, nous cherchons à nous faire une représentation mentale de la situation.

Dans le cadre de la cosmologie contemporaine, on interprète le mouvement d'éloignement des galaxies en termes d'une expansion de l'espace géométrique lui-même. Ici, l'image du ballon peut servir. Supposons qu'on y colle des « pin's » en forme de galaxies spirales. Ces pin's ne « bougent » pas par rapport à la membrane élastique où ils sont fixés. Pourtant, en s'étirant, cette membrane donne l'impression d'un mouvement d'éloignement des pin's. De même, la relativité d'Einstein nous invite à considérer les galaxies comme *fixées* dans un tissu spatial en expansion.

A quoi peut servir une telle interprétation ? demandera le lecteur. Pourquoi introduire des notions aussi compliquées autour d'une observation apparemment simple ? Pourquoi ne pas dire que les galaxies s'éloignent, dans le sens le plus ordinaire, le plus banal du terme ?

Reposons la question autrement : les galaxies ont-elles un mouvement « réel » ou bien sont-elles simplement entraînées par l'étirement de l'espace ?

A priori, les deux interprétations sont possibles. Mais la seconde est infiniment plus féconde. Elle permettra, par la suite, de comprendre et d'expliquer une brochette d'observations devant lesquelles la première resterait muette. Pour le physicien, ce gain de clarté est inestimable.

On touche là un aspect fondamental des théories de la physique moderne. Il est quelquefois avantageux d'adopter un point de vue en apparence inutilement compliqué. Les retombées simplificatrices de ce choix ne se manifestent qu'à un stade ultérieur de l'étude. Elles sont considérables et justifient amplement la démarche.

La théorie du Big Bang

Les observations de Hubble, interprétées dans le cadre de la relativité d'Einstein, ont donné naissance à la théorie du Big

Bang. Les pères fondateurs sont Alexander Friedman, Georges Lemaître et George Gamow.

En 1922, Friedman montre que les équations d'Einstein permettent la description d'un univers en évolution. En 1927, l'abbé Georges Lemaître voit dans les observations de Hubble la preuve du comportement dynamique de l'univers.

Einstein est loin d'être convaincu. Il persiste à refuser l'idée d'un univers changeant. Il qualifie le travail de Lemaître d'« abominable ». Il reviendra sur ses positions en 1932.

Le grand mérite de George Gamow a été d'intégrer la physique nucléaire à la cosmologie évolutive. De là est née sa prédiction de l'existence du « rayonnement fossile ». La découverte de ce rayonnement constitue aujourd'hui un des meilleurs arguments en faveur de la théorie du Big Bang. Nous y viendrons au prochain chapitre.

C'est Fred Hoyle, l'astrophycisien anglais qui a inventé, avec une ironie sarcastique, le terme de « Big Bang ». Vers les années 50, en compagnie de deux autres astrophysiciens anglais, Hermann Bondi et John Lyttleton, ce chercheur formule une cosmologie nouvelle. Sa motivation : rétablir la stabilité de l'univers. Dans cette théorie, on admet le mouvement de récession des galaxies. Mais on compense la raréfaction de l'univers par l'hypothèse d'une création continue de matière. Ainsi, malgré l'expansion, la densité du cosmos (galaxies et atomes) reste inchangée. Résultat net : en dépit des apparences, l'univers est statique et éternel !

Ce modèle dit de « l'état stationnaire » *(steady state)* eut un énorme succès. Étudiant aux États-Unis vers les années 60, je me souviens de sa popularité chez les scientifiques. Plus tard, des observations le mirent en difficulté. Les résultats astronomiques étaient en contradiction avec ses prédictions (voir la figure 5 B, p. 61, ainsi que la note 13, chapitre 6). Pourtant, Fred Hoyle continue à y adhérer jusqu'à ce jour. Cette obstination, de la part d'un des chercheurs les plus originaux de notre époque, illustre une fois de plus, je pense, la force du paradigme de l'univers statique.

Au XVIe siècle, Copernic décrit d'une façon convaincante le mouvement de notre planète autour du Soleil. La Terre n'est pas le centre du monde. L'exploration des étoiles et des galaxies nous présente l'image d'un cosmos dépourvu de « centre », homogène et dont tous les points sont équivalents.

Le monde accessible à nos télescopes n'est peut-être qu'une fraction infime de l'univers entier. Le modèle du Big Bang extrapole la propriété d'homogénéité à l'ensemble de l'univers. Les astronomes, délogés de leur position centrale par Copernic, adoptent une attitude diamétralement opposée : « Si nous ne sommes pas le centre du monde, alors nous ne reconnaissons ce privilège à personne ! »

Regarder loin, c'est voir un monde différent

Selon la théorie du Big Bang, l'univers est partout le même, à un moment donné du temps. Mais il change au cours des ères. Peut-on vérifier cette hypothèse ? La vitesse de la lumière nous vient ici en aide. En regardant au loin, on observe l'état passé de l'univers. On peut le comparer à son état actuel.

Sur ce sujet, le télescope spatial (nommé Hubble) nous apporte de précieux renseignements. L'observation d'amas de galaxies situées à quatre milliards d'années-lumière nous laisse voir le monde tel qu'il était à la naissance du système solaire. Les galaxies spirales y sont beaucoup plus abondantes qu'aujourd'hui. Ces galaxies ont-elles fusionné avec leurs voisines, ou se sont-elles tout simplement éteintes ? Difficile de le dire. Mais le message est clair : l'état du cosmos change avec le temps. Notre univers n'est pas statique...

Les quasars apportent leur témoignage

Les quasars forment une population de galaxies remarquables par l'éclat extraordinaire de leur noyau central. Une source située dans un volume minuscule (comparable à celui du système solaire) émet mille fois plus d'énergie que notre Voie lactée tout entière ! On soupçonne la présence d'un trou noir géant au cœur de cet espace éblouissant.

Nous nous intéressons ici à la répartition des quasars dans l'univers. Il n'en existe pas dans le voisinage de notre galaxie.

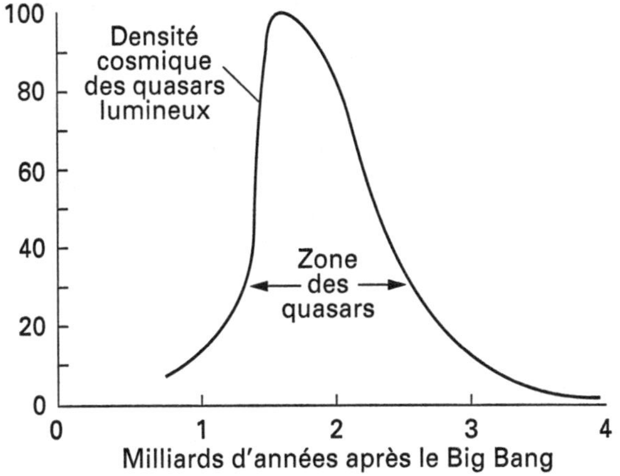

Figure 5 C. La distribution des quasars dans l'espace. Nombre de quasars observés par unité de volume en fonction de l'âge de l'univers. Les quasars sont nettement concentrés dans une tranche de distance bien délimitée. Cette zone correspond à une période où l'univers avait entre un et trois milliards d'années. Cette concentration dans l'espace le confirme : l'aspect de l'univers change au cours du temps.

Tous sont loin de nous, à des centaines de millions, voire des milliards d'années-lumière. Plus on s'éloigne, plus on en rencontre. Le maximum de leur population se situe entre dix et quatorze milliards d'années-lumière. Nous voyons ces quasars tels qu'ils se présentaient à une période où l'univers n'avait que 20 % de son âge présent.

Plus loin encore, leur population décroît rapidement. Il semble que le phénomène « quasar » corresponde à une phase juvénile dans l'évolution de certaines galaxies. Le noyau s'allume et brille de tous ses feux. Il s'éteint quand la galaxie prend de l'âge.

Ce scénario plausible a des conséquences cosmologiques importantes. Il implique que toutes ces galaxies-quasars sont nées en même temps, peu après le Big Bang. Comment expliquer autrement la concentration des quasars dans une tranche bien délimitée de distances cosmiques ? Il implique aussi que l'état dans lequel ces galaxies se présentent à nous aujourd'hui dépend de leurs distances. Ces conclusions, en parfait accord avec la théorie du Big Bang, en constituent des preuves convaincantes. Dans un univers statique, tout serait pareil – partout et toujours – et les quasars seraient uniformément répartis dans l'espace.

Regarder loin, c'est voir chaud

Un gaz est constitué de myriades de molécules. Soumis à une compression, il se réchauffe ; sous la détente, il se refroidit. Tel est le principe des réfrigérateurs. De même, on peut considérer l'ensemble des galaxies du ciel comme un « gaz de galaxies ». La théorie de la relativité d'Einstein nous permet d'en comprendre le comportement. Le mouvement de fuite mutuelle des galaxies entraîne un refroidissement du cosmos dans son ensemble.

Notre univers se raréfie et devient de plus en plus froid... D'où la conclusion incontournable : dans le passé, le cosmos était plus dense et plus chaud...

Les explorateurs, abordant les rivages inconnus, s'aventuraient à l'intérieur des terres en remontant les cours d'eau. Le sens du courant leur donnait la direction. Les observations de Hubble nous indiquent la voie du passé : il faut aller vers le plus dense et le plus chaud.

Une règle simple, issue du scénario cosmologique de Friedman-Lemaître, va nous servir de mesure. La chute de la température cosmique est inversement proportionnelle à l'allongement des distances. En d'autres termes, la température tombe de moitié pendant que les galaxies doublent leurs distances.

Aujourd'hui, ces temps de doublement sont longs : il faudra attendre encore vingt-cinq milliards d'années pour que les galaxies soient deux fois plus loin qu'aujourd'hui, et la température deux fois plus basse. Tel n'était pas le cas aux premiers instants : tout se jouait en d'infimes fractions de seconde !

De là est née l'image d'une explosion cosmique. Cette notion, très populaire chez les vulgarisateurs et les cinéastes, n'est pas sans risque de confusion. Elle fait intervenir certains éléments qui sont applicables à la cosmologie et d'autres qui ne le sont pas. On peut retenir l'idée d'une matière chaude (l'explosif) qui se refroidit par sa violente expansion. Mais, redisons-le une fois de plus, l'image d'une matière initialement confinée en un volume minuscule, et se propageant dans un espace vide environnant, est à rejeter. Si l'on veut garder l'image de l'explosion, il faut la modifier. Imaginons plutôt *un espace continu dont chaque point est en explosion.* L'univers est homogène et n'a pas de centre.

Arrêtons-nous un instant pour percevoir le chemin parcouru et nous situer dans notre long périple.

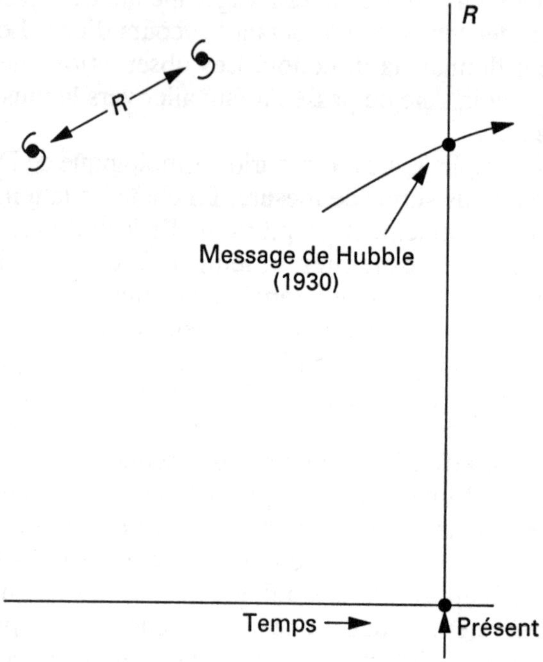

Figure 5 D. Relevé de terrain n° 1. Sur le territoire du passé nous inscrivons notre premier rapport d'exploration. Le temps se déroule de la gauche vers la droite, le long de l'axe horizontal. Notre exploration se fait en sens inverse : de la droite vers la gauche. Notre point de départ est le moment présent.

A la verticale : la distance *R* entre deux galaxies lointaines. Les observations d'Edwin Hubble vers 1930 nous ont appris que les galaxies s'éloignent. La distance *R* augmente avec le temps. L'univers se raréfie. Auparavant il était plus dense. Ce renseignement nous ouvre la voie du passé.

Quel est l'avenir du monde ?

Avant de continuer notre voyage à rebours dans le temps, nous allons nous préoccuper momentanément de notre devenir…

Le cosmos va-t-il continuer à se refroidir indéfiniment, approchant de plus en plus lentement du zéro absolu ? Ou bien, après une certaine période, va-t-il inverser son mouvement ? L'expansion se transformera-t-elle en une contraction générale, entraînant un réchauffement futur du cosmos ? La théorie du Big Bang admet les deux scénarios. Mais lequel l'univers va-t-il suivre ?

La question de l'avenir de l'univers est intimement liée à celle de sa densité de matière. Plus la densité est grande, plus la puissance d'attraction mutuelle des galaxies est élevée. Cette attraction ralentit leur mouvement. Dans un monde à faible densité, elles s'éloigneraient sans arrêt et l'univers se raréfierait indéfiniment. A l'inverse, dans un univers très dense, le mouvement des galaxies en viendrait à s'inverser et l'espace à se recontracter.

La figure 5 E (page suivante) nous montre les trajectoires suivies par des univers hypothétiques de densités différentes. L'axe vertical décrit l'étalement de l'espace (par exemple, la distance entre deux particules) en fonction du temps.

Un univers de faible densité (la courbe la plus à gauche) s'étale très rapidement et ne revient jamais sur lui-même. Les courbes successives, de gauche à droite, montrent l'effet du ralentissement – dû à la gravité – dans des univers de plus en plus denses. L'espace s'étale de plus en plus lentement. Au-delà d'une certaine densité, appelée la densité critique, l'étalement finit par s'arrêter et par se transformer en une contraction. Cette contraction s'accompagne d'un réchauffement jusqu'à un état final appelé « Big Crunch » (un Big Bang inversé). Ces univers ont une durée finie (le temps compris entre le Big Bang et le Big Crunch). Plus l'univers est dense, plus courte est cette durée.

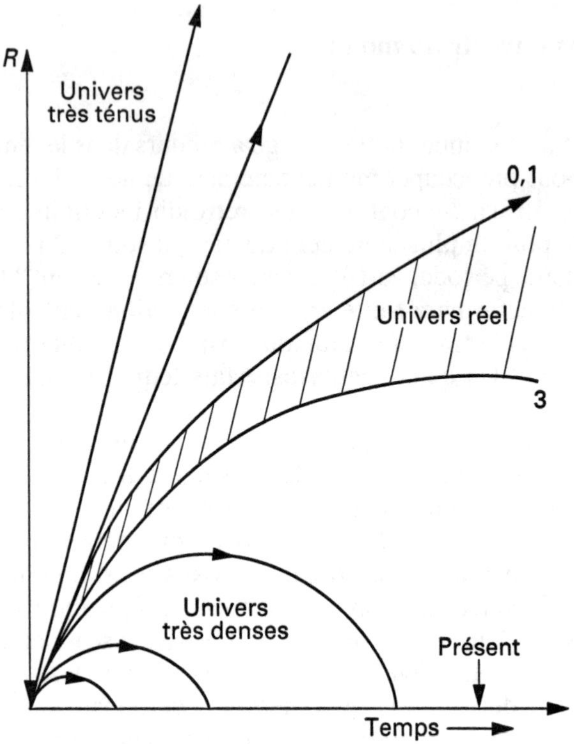

Figure 5 E. Univers ouverts et fermés. L'axe vertical donne la distance entre deux points de l'espace. Les différentes courbes décrivent l'expansion en fonction du temps. Elles se rapportent à des univers hypothétiques de densités variées.

Dans un univers qui contiendrait très peu de matière, ces points s'éloigneraient très rapidement (courbe la plus à gauche). Les courbes successives, de gauche à droite, montrent l'effet du ralentissement dû à la gravité dans des univers de plus en plus denses. Les densités sont exprimées en unités de la densité critique. La densité critique est celle au-delà de laquelle, après une période d'éloignement, les corps renversent leurs mouvements et reviennent les uns vers les autres, tandis que la température remonte vers les très hautes valeurs du début. Au Big Bang succède alors un « Big

Où se situe notre univers parmi ces courbes ? Quelle est sa densité de matière ? Pour discuter de cette question, dressons d'abord un bilan de nos connaissances sur ce sujet.

Panorama des composantes de la matière cosmique

Le ciel fourmille de galaxies, d'étoiles et de nébuleuses. Ces corps sont formés d'atomes émetteurs de lumière, grâce à laquelle ils nous sont visibles.

Les observations astronomiques montrent que la quantité moyenne de matière lumineuse (la densité lumineuse) est très faible. Elle correspond à un dixième de nucléons (protons et neutrons) par mètre cube. Par comparaison, dans le même volume d'air atmosphérique, le nombre de nucléons est de plus d'un million de milliards de milliards ! Le ciel est vraiment pauvre en matière !

Cette estimation est-elle complète ? D'immenses populations d'astres sombres, invisibles à nos télescopes, hantent peut-être les espaces cosmiques. Comment savoir ?

La force de gravité nous vient en aide. Son influence est universelle. Tous les corps y sont soumis. Ses effets se manifestent sur la matière environnante. Un « trou noir » n'émet pas de lumière. Pourtant, il se laisse débusquer par les perturbations orbitales que son champ de gravité provoque sur les astres de son voisinage.

Crunch ». Au contraire, les univers moins denses se raréfient indéfiniment et ne se réchauffent plus jamais.

Les incertitudes sur la densité de notre univers ne nous permettent pas de le situer exactement parmi tous ces cas possibles. La région hachurée correspond aux valeurs possibles.

Les étoiles tournent trop vite

Les manifestations de la gravité nous apprennent que plus de 90 % de la matière cosmique ne nous est pas « visible ». L'ensemble de tous les atomes qui brillent constitue moins d'un dixième de la masse de l'univers. Comment le savons-nous ?

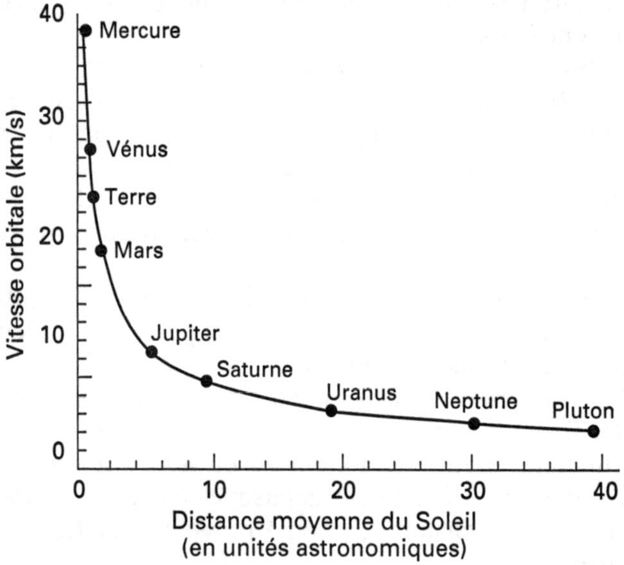

Figure 5 F. Les vitesses orbitales des planètes du système solaire. L'unité de distance est la distance Terre-Soleil (appelée « unité astronomique »). La force centrifuge équilibre la gravitation du Soleil. Les planètes les plus rapprochées du Soleil sont attirées plus fortement que les plus lointaines. En conséquence, les vitesses décroissent avec la distance. Ces vitesses nous permettent de calculer la masse du Soleil.

Les mesures du mouvement des étoiles autour de la galaxie sont notre première source de renseignements. Par rapport à la masse galactique visible, elles tournent beaucoup trop vite.

Pour bien saisir la nature du problème, considérons d'abord les mouvements des corps dans notre cortège planétaire. Sur la figure 5 F, on a indiqué les vitesses de rotation des planètes en fonction de leur distance au Soleil. Ces vitesses s'échelonnent entre 40 kilomètres par seconde pour Mercure, la plus rapprochée de l'astre central, jusqu'à 4 kilomètres par seconde pour la lointaine Pluton.

Ces vitesses s'accompagnent d'une force centrifuge qui compense l'attraction solaire et permet à la planète de se stabiliser sur son orbite. Plus on s'éloigne, plus l'attraction solaire est faible et plus la vitesse orbitale diminue. Pluton, cent fois plus loin que Mercure, se déplace dix fois plus lentement.

La galaxie présente une situation analogue. Les étoiles tournent autour du centre galactique. Ce mouvement de rotation leur permet de résister à l'attraction qui, autrement, les projetterait vers le noyau central. Ainsi notre Soleil se tient à environ vingt-cinq mille années-lumière du centre, dont il fait le tour en deux cents millions d'années.

A partir de la masse galactique visible, on calcule la vitesse requise pour qu'une étoile se maintienne sur une orbite stable. Puis on compare avec les données astronomiques. Surprise ! Ainsi que l'illustre la figure 5 G (page suivante), les plus lointaines ont des vitesses observées bien supérieures aux valeurs calculées…

Ces observations inattendues suggèrent l'existence d'une composante de matière sombre, dispersée dans le volume de la galaxie, surtout vers sa périphérie. Une sorte de « halo » galactique. Son champ d'attraction expliquerait pourquoi les étoiles lointaines se déplacent si vite. On estime sa masse à environ dix fois celle de toutes les étoiles visibles. D'où l'idée que 90 % de la masse galactique « gravite » – les étoiles en sentent la présence – mais ne « brille » pas.

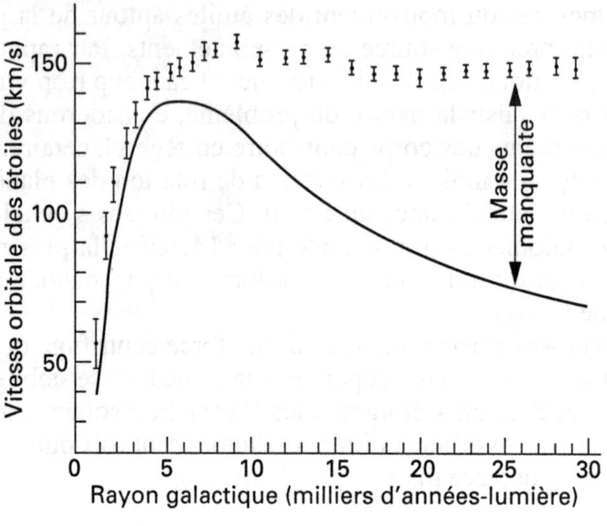

Figure 5 G. Les vitesses orbitales des étoiles autour du centre de la galaxie. Les points noirs sont les valeurs mesurées. La courbe donne les vitesses calculées à partir de la masse des étoiles visibles. La différence entre les attentes et les observations nous révèle la présence d'une forte quantité de matière sombre (la « masse manquante ») dans le halo de la galaxie.

De quoi ce halo est-il constitué ? Il pourrait s'agir d'une population importante d'astres si faibles qu'ils échappent à nos instruments. Ou encore de particules exotiques, dont la nature nous échappe encore, qui n'émettraient pas de lumière. Certaines observations récentes, discutées un peu plus loin, penchent en faveur de la première hypothèse.

Les amas de galaxies semblent trop légers

La matière sombre se manifeste encore autrement. Le problème des amas de galaxies nous en offre un exemple.

Une image préliminaire va nous éclairer : un caillou, lancé par un enfant, s'élève dans le ciel bleu. Attiré par la Terre, sa vitesse diminue progressivement ; il finit par s'arrêter et revient vers le sol. On pourrait calculer la masse de la Terre en mesurant la décélération du caillou.

Sur un astre moins massif, le caillou lancé avec la même force, ne retomberait pas au sol. Il s'échapperait dans le système solaire. Par exemple, sur Phobos, un satellite de Mars dont le rayon ne dépasse pas 30 kilomètres.

Une notion utile ici : la « vitesse d'échappement ». C'est la vitesse minimale qu'il faut donner à un projectile pour l'extraire du champ d'attraction dans lequel il se trouve plongé. A la surface de la Terre, la vitesse d'échappement est de 11 kilomètres par seconde. Sur la Lune, quatre-vingts fois moins massive que la Terre, cette vitesse n'est que de 2 kilomètres par seconde. A la surface de Phobos, elle ne dépasse pas 10 mètres par seconde. Un enfant pourrait mettre un caillou en orbite...

Dans un amas, un nombre considérable (plusieurs milliers) de galaxies coexistent en un volume relativement restreint. On évalue la masse de l'amas en faisant la somme des masses des galaxies individuelles. Puis on calcule la vitesse d'échappement qui permettrait à une galaxie de s'extraire du champ de gravité de l'amas et de s'enfuir dans l'espace intergalactique.

En parallèle, on mesure la vitesse des galaxies dans cet amas. Nouvelle surprise : ces vitesses observées sont largement supérieures aux vitesses d'échappement calculées... L'amas devrait « s'évaporer » en peu de temps !

Une solution s'impose : les amas sont plus massifs que nous ne le pensons : ils contiennent de la « matière sombre ». Une composante sombre, dix à vingt fois plus massive que la composante lumineuse, suffit à rétablir la situation. Les nouvelles vitesses d'échappement calculées en tenant compte de cette composante sont maintenant supérieures aux vitesses mesurées. Les amas ne risquent plus de s'évaporer.

Mirages gravitationnels

Une découverte récente, fondée sur la théorie de la relativité d'Einstein, confirme la présence de matière sombre : les mirages gravitationnels.

Quand la lumière passe près d'un astre, sa trajectoire est déviée. Prenons l'exemple d'un quasar qui, dans notre ciel, serait situé tout juste derrière une galaxie. Son image, déformée par la galaxie intermédiaire, nous arrive sous la forme d'un « anneau d'Einstein ». On en a répertorié de nombreux exemples. Ces observations répétées sur plusieurs quasars différents montrent que les masses réelles des galaxies intermédiaires sont environ dix fois plus élevées que leurs masses visibles [9].

Ce même principe est aujourd'hui utilisé pour détecter la présence d'étoiles de faible luminosité à la périphérie de la Voie lactée. On braque le télescope sur une étoile brillante d'un nuage de Magellan (la galaxie la plus proche). Si un astre de notre galaxie passe devant l'étoile brillante, il induira une variation du flux lumineux de cette dernière. Deux groupes de chercheurs, américains et français, ont entrepris cette étude. Les premiers résultats (avril 1994) semblent prometteurs.

La densité critique

Munis de ces données, reprenons notre interrogation sur l'avenir de l'univers. Le mouvement d'éloignement actuel des galaxies va-t-il se poursuivre indéfiniment ? Les galaxies ont-elles une vitesse suffisante ? Ou bien, à l'instar du caillou lancé par l'enfant et qui revient vers le sol, ce mouvement va-t-il finir par s'inverser ? L'expansion de l'univers se changerait alors en une contraction universelle ramenant les galaxies les unes vers les autres.

En d'autres termes, les galaxies ont-elles des vitesses supérieures ou inférieures à leurs « vitesses d'échappement[10] » ? Dans le premier cas, nous aurons une expansion et un refroidissement sans limites. Dans le second, un retournement, menant à un nouveau réchauffement.

Cette question se reformule en termes de densité. On calcule que, si la densité cosmique est supérieure à dix nucléons par mètre cube, le champ de gravité mutuel des galaxies est suffisant pour effectuer ce retournement. S'il est inférieur, l'expansion se poursuivra indéfiniment. On appelle « densité critique » cette densité limite entre les deux situations. Qu'en est-il en fait ?

Résumons-nous. Nous avons d'abord évalué la densité de matière lumineuse. Elle correspond à un dixième de nucléon par mètre cube. Soit 1 % de la densité critique.

Puis, les vitesses des étoiles et des galaxies nous ont signalé l'existence d'une composante sombre environ dix fois plus massive. Nous voilà donc à 10 % de la masse critique. Ces composantes sont inscrites sur la figure 5 H (page suivante).

Nous aurions là la réponse à notre interrogation : l'univers est trop léger pour se rétracter[11]. Mais sommes-nous bien sûrs d'avoir fait le tour du problème ? Les estimations présentées ici portent sur des objets (galaxies, amas) de faibles dimensions par rapport à l'ensemble du cosmos observable. Peuvent-elles être extrapolées à l'univers entier ? Difficile de le dire...

D'autres estimations, obtenues à partir de la distribution des galaxies dans l'espace par un satellite infrarouge nommé IRAS, semblent indiquer une densité encore plus élevée, voisine de la densité critique. Ces estimations impliqueraient une composante sombre *cent fois* plus massive que la composante lumineuse. Dans ce cas, ce n'est pas 90 % mais près 99 % de la matière qui nous serait inconnu ! Mais les incertitudes sont grandes et ces résultats demandent à être confirmés.

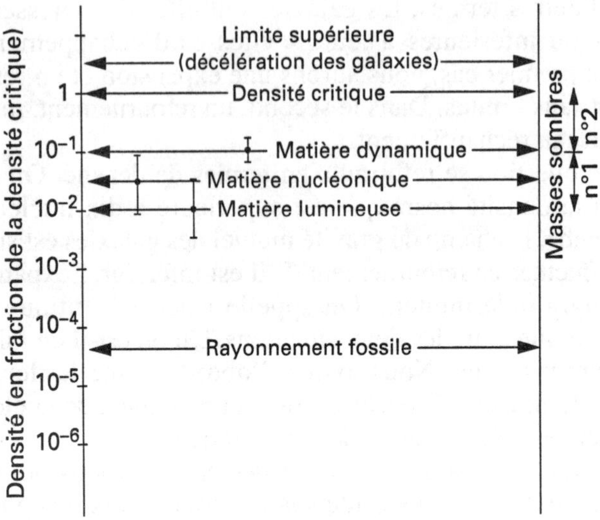

Figure 5 H. Les composantes de la densité cosmique. La valeur de référence est la densité critique : soit l'équivalent d'environ dix protons par mètre cube. La densité de matière lumineuse (étoiles et gaz chauds) est d'environ 1 % de la densité critique. La matière qui se manifeste par son champ de gravité (densité dynamique) atteint 10 % de la densité critique. La composante nucléonique (matière ordinaire) est d'environ 3 % de la densité critique (avec une bonne marge d'incertitude). La limite supérieure, obtenue par l'absence de décélération détectée des galaxies, est de trois fois la densité critique.

Le dessin indique également les deux acceptions des mots « masse sombre ». La première acception (n° 1) porte sur la différence (de 1 % à 10 %) entre la densité lumineuse et la densité dynamique. L'existence de cette masse sombre est appuyée sur des observations et pose un problème réel aux astronomes. La seconde acception (n° 2) porte sur la différence entre la densité dynamique et la densité critique supposée réalisée. L'existence de cette masse sombre n'est pas prouvée.

Une limite supérieure à la densité de l'univers

Revenons aux observations de Hubble : les galaxies s'éloignent les unes des autres. Ces astres exercent entre eux une puissante attraction qui décélère leur mouvement relatif. L'étude de leurs mouvements devrait, en principe, nous permettre d'évaluer le champ de gravité qu'elles exercent les unes sur les autres. Et ainsi d'estimer la densité de matière responsable de cette décélération. Notons qu'il ne s'agit plus ici des mouvements dans un amas donné mais dans l'ensemble de l'univers.

En pratique, cette décélération est si faible qu'on n'a jamais pu la mettre en évidence. Les vitesses semblent tout à fait constantes. On peut en tirer un renseignement. Si la densité moyenne de la matière cosmique était supérieure à *l'équivalent de* trente nucléons par mètre cube, on le saurait déjà. Les techniques actuelles de l'astronomie auraient déjà détecté la décélération des galaxies (voir figure 5 B, p. 61). On peut, dès lors, affirmer que la densité de l'univers est inférieure à cette valeur.

Les mots « équivalent de » dans le paragraphe précédent signifient que cette matière n'est pas nécessairement de la matière « ordinaire » (protons, neutrons, électrons). D'autres sortes de matières inconnues de nous – nous les appellerons « matières exotiques » – existent peut-être dans la nature... Comme la matière ordinaire, elles influenceraient par leur champ de gravité les mouvements des astres.

On pourrait résumer la situation en disant que si les observations les plus solides semblent favoriser l'idée d'un univers léger, rien n'est encore certain. En conséquence, nous ne savons pas encore si l'univers va se recontracter ou non.

Sur l'âge de l'univers

Les observations de Hubble nous suggèrent un calcul simple. Nous mesurons la vitesse et la distance des galaxies. Combien de temps ont-elles mis pour atteindre cette distance en s'éloignant à cette vitesse ? La réponse nous permet une évaluation approximative de l'âge de l'univers.

Les premières mesures de Hubble faisaient apparaître une contradiction entre la géologie et la théorie du Big Bang. L'âge estimé du cosmos, environ deux milliards d'années, était nettement inférieur à celui du système solaire (4,5 milliards d'années). Par la suite, grâce à une réévaluation de l'échelle des distances, on a pu obtenir des âges cosmiques suffisants pour accommoder la cosmologie et la géologie.

Certaines étoiles de notre galaxie brillent depuis plus de treize milliards d'années. La théorie du Big Bang est-elle compatible avec un âge aussi grand ? En tenant compte des incertitudes observationnelles, la réponse est positive. En fait, cette compatibilité entre la fourchette d'âge délimitée par l'étude des étoiles et les versions les plus simples de la théorie du Big Bang peut être considérée comme un argument de plus en sa faveur. Cette compatibilité, rien ne la garantissait *a priori*.

Avant de poursuivre notre voyage, glanons quelques résultats numériques qui vont nous familiariser avec le scénario du Big Bang (figure 5 I). Le rayonnement fossile nous apprend (chapitre suivant) que la température actuelle du cosmos est de 2,7 degrés K (moins 270 degrés Celsius). Supposons une galaxie dont la lumière propre est bleue avec une longueur d'onde bien définie : trois dixièmes de micron (3 000 angströms). Si ce rayonnement nous arrive avec une longueur d'onde deux fois plus grande (6 000 angströms ; elle sera rouge), c'est que nous la voyons telle qu'elle était à une époque où la température du cosmos était deux

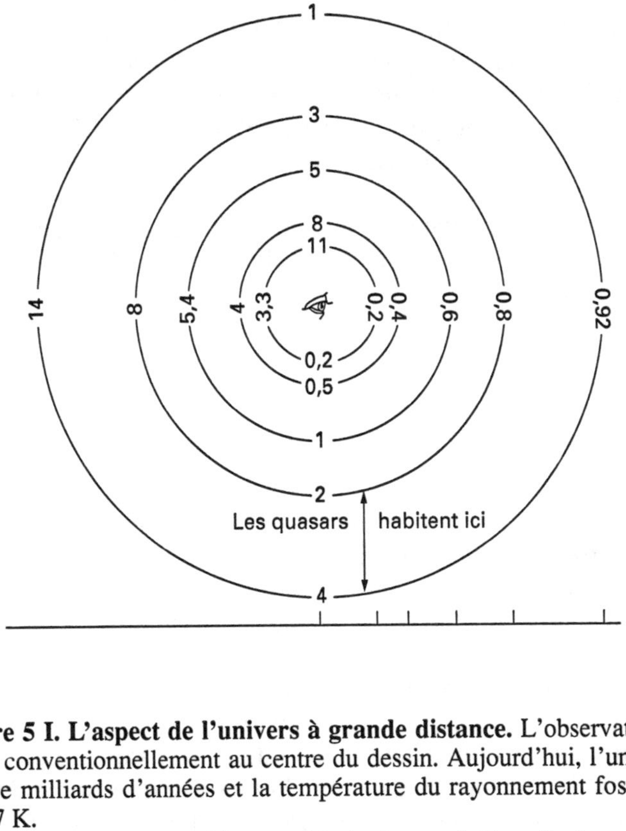

Figure 5 I. L'aspect de l'univers à grande distance. L'observateur est placé conventionnellement au centre du dessin. Aujourd'hui, l'univers a quinze milliards d'années et la température du rayonnement fossile est de 2,7 K.

Chaque cercle correspond à une période du passé. On y lit, à gauche, la température *T* (en degrés K) de l'univers au moment où les galaxies qui s'y trouvent ont émis la lumière qui lui parvient aujourd'hui ; en haut, l'âge *t* de l'univers, en milliards d'années, au moment de cette émission ; à droite, la vitesse de récession ; en bas, le facteur de décalage de la lumière. On voit les galaxies du cercle le plus interne telles qu'elles étaient à la naissance de la Terre. Les quasars sont confinés à l'espace entre les deux derniers cercles.

Pour ce calcul, on a supposé un univers de densité critique. Un autre choix de densité, dans des limites raisonnables, ne modifierait pas ces valeurs d'une quantité importante.

fois plus élevée qu'aujourd'hui (5,5 degrés K) et la densité moyenne huit fois plus élevée. Elle était alors deux fois plus proche de nous qu'aujourd'hui ; elle était à cinq milliards d'annés-lumière quand elle a émis sa lumière bleue, et l'univers avait alors un peu plus de cinq milliards d'années. Elle s'éloigne de nous à 60 % de la vitesse de la lumière.

La figure 5 I nous donne d'autres exemples numériques. Elle illustre un fait important ; les galaxies lointaines baignaient dans un rayonnement plus chaud quand elles ont émis les photons que nous recevons maintenant.

Univers stériles et fertiles

Comment le cosmos aurait-il évolué si sa densité avait été différente ? La section « surprises de la cosmologie scientifique » au chapitre 2 trouve ici une illustration intéressante.

La figure 5 E (p. 74) nous montre les trajectoires suivies par des univers hypothétiques de densités variées.

Rappelons que la formation des galaxies est provoquée par l'attraction de la matière sur elle-même. Elle implique un mouvement de condensation locale, à contre-courant de l'expansion. Les univers de faible densité s'étalent trop rapidement pour donner naissance à des galaxies. Leur substance homogène se dilue sans que des agrégats de matière aient le temps de s'y établir et de croître. Aucune étoile ne s'y condense ; aucun atome n'y est produit. Seuls subsistent l'hydrogène et l'hélium primordiaux. La vie, du moins sous la forme que nous connaissons, ne peut s'y développer. Ces univers sont stériles.

La densité critique est celle au-delà de laquelle le mouvement s'inverse et les particules reviennent sur elles-mêmes. Les univers « surcritiques » s'ouvrent et se referment en un temps d'autant plus court que la densité est élevée. Cette durée pose problème. L'élaboration de la vie demande beaucoup de temps. Il faut de nombreuses générations d'étoiles pour engendrer les éléments chimiques. Ensuite, une longue période de gestation de la vie dans une nappe aquatique. Un univers de moins d'un milliard d'années se recontracterait vraisemblablement bien avant la naissance des premières fleurs des champs.

Le diagramme 5 E délimite la région fertile des univers qui, d'une part, forment des atomes et, d'autre part, durent assez longtemps pour que la vie y fleurisse. Personne ne s'en étonnera : notre univers s'insère dans cette région !

Faut-il parler d'une surprise ? Au sens propre du terme, certainement pas. Si notre univers n'y était pas, ce livre n'existerait pas. Pourtant, ce fait mérite notre attention. Nous le plaçons parmi la collection de « coïncidences heureuses » qui nous relient au cosmos et à son évolution. Nous avons abordé ce sujet au chapitre 3.

Sur la courbure de l'espace

Dans un espace plan, la somme des trois angles d'un triangle est égale à cent quatre-vingts degrés. Dans un espace sphérique, elle est supérieure à cette valeur ; dans un espace hyperbolique, elle est inférieure (figure 5 J, p. 88).

Malgré de nombreux efforts, on n'a jamais pu mettre en évidence une quelconque courbure de l'espace cosmique. Son rayon de courbure, s'il n'est pas infini (pas de courbure), est largement supérieur à plusieurs milliards d'années-lumière.

Dans le modèle du Big Bang, la courbure de l'espace est reliée de près à la densité de matière. Un univers de densité critique aurait une géométrie plane (ou euclidienne). Les parallèles ne s'y croisent jamais. Si la densité est supérieure à la densité critique, l'espace (à trois dimensions) est courbé comme la surface (à deux dimensions) d'une sphère (géométrie sphérique). Si elle est inférieure, il est courbé comme la surface d'un tajine marocain (géométrie hyperbolique).

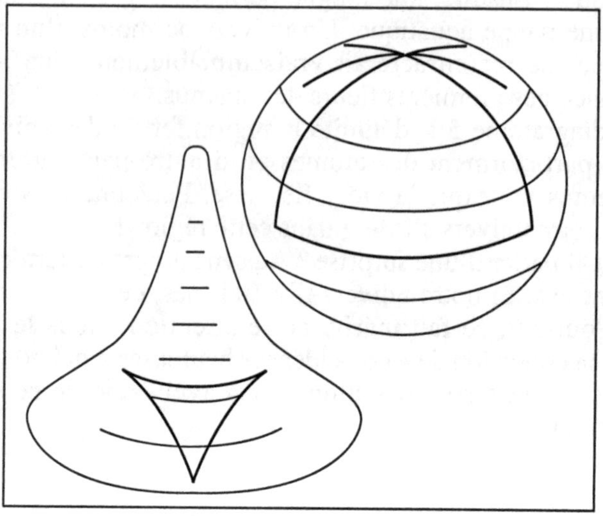

Figure 5 J. Les courbures de l'espace. Le dessin illustre les deux types de courbures possibles d'un espace à deux dimensions. La courbure de la sphère correspond à celle d'un univers fermé et de volume fini qui finit par se rétracter. La courbure d'un tajine marocain correspond à celle d'un univers ouvert de volume infini et de durée illimitée dans le futur. Mais attention ! les courbures de l'espace cosmique sont des courbures d'un espace à trois dimensions. Elles échappent à notre représentation imaginaire. Ainsi que la courbure de l'espace-temps qui caractérise notre univers...

Sur la constante cosmologique

La constante cosmologique est née, rappelons-le, des efforts d'Einstein pour stabiliser l'univers. Il s'agit, au départ, d'un terme mathématique permis par les équations du Big Bang. A quoi correspondrait-elle dans la réalité ? Quel est son effet sur le cosmos ?

Elle se comporterait comme une composante de matière de type tout à fait particulier. Sa présence se manifesterait par une force qui influencerait l'expansion du cosmos. Sa valeur numérique (la densité équivalente de cette matière) pourrait, en principe, être obtenue à partir des observations du cosmos. A cause des difficultés expérimentales, on obtient seulement une limite : si elle n'est pas nulle, elle est très petite. Sa densité ne dépasse guère la densité critique. Nous y reviendrons dans le second volume où d'étranges données nous attendent.

Questions variées

Plusieurs questions, en cours ou en conférence, reviennent dans les discussions. J'en reprends quelques-unes ici. Les réponses sont souvent, implicitement ou explicitement, comprises dans les pages précédentes. Mais l'expérience montre l'intérêt de reformuler certains éléments dans le cadre précis d'une interrogation.

L'univers naissant avait-il la dimension d'un point ?

Il importe ici de distinguer entre l'univers « observable » et l'univers entier.

L'univers observable est celui que nos télescopes peuvent atteindre aujourd'hui. Son rayon est d'environ quinze milliards d'années-lumière. Il contient plus de cent milliards de galaxies comme la nôtre, soit environ 10^{80} nucléons.

Plus on recule vers le passé, plus cette masse de matière se trouve confinée dans un espace restreint. Selon la théorie, elle était « au départ » contenue dans un volume minuscule.

Notons que cet univers observable n'est vraisemblablement qu'une partie infime de l'univers entier. Aussi convient-il, avant de poursuivre cette discussion, d'aborder un autre problème : celui de la dimension de l'univers entier.

L'univers est-il infini ?

Cette question hante l'esprit humain depuis des millénaires. Giordano Bruno affirmait l'infinitude du cosmos. Selon le philosophe Emmanuel Kant, il est impossible de répondre par oui ou par non. Pour beaucoup d'auteurs, cette question est inconvenante. Elle ne devrait même pas être posée…

Reconnaissons d'abord un fait évident : ici, l'observation directe n'est d'aucun secours. Le nombre d'étoiles, de galaxies détectées par nos télescopes, pour grand qu'il soit, ne sera jamais infini. On ne peut observer que du « fini ». Aussi faut-il faire appel à d'autres méthodes d'enquête.

Une théorie à succès est une mine de renseignements pour le physicien. Il peut lui poser des questions qui échappent à l'observation directe. La théorie du Big Bang se prête à cette démarche. La structure mathématique de la théorie s'étend au-delà des données d'observation sur laquelle elle a été établie. On pourrait parler ici d'une observation indirecte. Ce mode de connaissance ne vaut pas plus, bien sûr, que la théorie sur laquelle il s'appuie. Donc, prudence…

Disons d'abord que la question de la dimension primordiale de l'univers entier dépend de nombreux facteurs mal connus : sa densité, sa topologie (sa configuration géométrique globale) et (encore elle) la constante cosmologique. Pour cette raison, aucune réponse définitive ne peut être donnée à nos questions. Voici les hypothèses.

Un univers de densité inférieure ou égale à la densité critique *peut* être de dimension infinie. Dans ce cas, il a toujours été infini. Il n'a jamais été concentré en un minuscule volume. Chaque point de son volume infini a été autrefois extrêmement chaud et dense.

De même, un univers de densité supérieure à la densité critique *peut* être de dimension finie. Dans ce cas, son volume entier aurait été concentré en un volume infime, refermé sur lui-même, sans bords. Mais, répétons-le une fois de plus, ce petit volume n'était pas englobé dans un espace vide de plus grande dimension. Il n'y avait pas d'autre espace que celui de l'univers.

L'espace (s'il est fini) s'accroît tout au long de l'expansion. Il passera par un maximum pour se recontracter ensuite. La température grimpera à nouveau (voir figure 5 E, p. 74).

Et après ? Aurions-nous une séquence de cycles comme dans la mythologie hindouiste ? Pouvons-nous imaginer une série infinie d'expansions et de contractions, dans le passé comme dans l'avenir ? Pour plusieurs raisons difficiles à expliciter ici, la réponse est vraisemblablement négative.

Si l'univers devient de moins en moins dense, où va la matière ?
Si l'univers est fini, son volume s'accroît ; s'il est infini, la quantité de matière est infinie tout comme l'énergie. Dans l'infini, il y a toujours de la place.

Les galaxies elles-mêmes sont-elles en expansion ? Les étoiles ? Les planètes ?

Ce sujet sera traité plus longuement au chapitre 9. Après une période d'expansion initiale, les volumes contenant la matière des futures galaxies (ou des futurs amas de galaxies) finissent par se stabiliser. Les astres qui s'y forment, étoiles et planètes, ne participent plus au mouvement d'expansion. Les forces internes qui assurent la stabilité de ces astres neutralisent le mouvement d'expansion en leur sein. Depuis cette époque, seules les distances entre les galaxies augmentent avec le temps.

Rappelons, pour terminer, certaines définitions qui nous seront utiles plus tard. L'unité d'énergie la plus commode pour nous est l'électronvolt. C'est à peu près l'énergie d'un photon rouge. Un keV (kiloélectronvolt) en vaut mille ; un MeV (mégaélectronvolt) un million et un Gev (gigaélectronvolt) un milliard. Un meV (milliélectronvolt) en vaut un millième.

5R. La théorie du Big Bang

[piste rouge : ⚠]

A. LES ÉQUATIONS DU MODÈLE

Le niveau requis pour aborder cette piste rouge correspond à celui des premières années de la Faculté des sciences. Le lecteur a déjà eu de bons cours de mécanique classique, de physique statistique et de théorie quantique. Il possède quelques connaissances en physique nucléaire. Il est familier avec les notions de la relativité générale, même s'il ne maîtrise pas le calcul tensoriel.

Les concepts de la physique n'y sont pas dérivés *ab initio.* Plutôt que développer le formalisme d'une façon rigoureuse, on s'attache à l'interprétation des formules. Il s'agit d'utiliser les mathématiques pour essayer de comprendre.

On utilisera quelquefois des systèmes d'unités particulièrement utiles sur le plan pédagogique. Le système dit « géométrique », dans lequel la vitesse de la lumière c, la constante de Planck h et la constante de Boltzman k sont tous de valeur unité ($c = h = k = 1$), fait bien ressortir les paramètres importants des formules. Dans ce système, le temps et la distance ont la même dimension $[L] = [t]$. Ainsi en est-il de la masse, de l'énergie et de la température $[M] = [E] = [T]$. Ces dimensions sont reliées entre elles par le principe d'incertitude (*via* la longueur d'onde de Compton : $\lambda = h/2\pi Mc$). La dimension d'une masse est l'inverse de la dimension d'une distance : $[M] = 1/[L]$. La relation numérique est donnée par : λ (cm) $= 2{,}1 \times 10^{-14}$ (M/M_p) où M_p est la masse du proton.

Une densité d'énergie peut s'écrire en diverses dimensions : $[\rho] = [M]/[L]^3 = [T]^4 = 1/[L]^4$ et autres combinaisons. Nous utiliserons souvent l'unité de température pour décrire les densités cosmiques. La densité critique, par exemple, est égale à celle d'un rayonnement dont la température serait de 30 K. Ces équivalences nous seront encore utiles quand nous décrirons les énergies associées au terme de courbure de l'univers ou encore à la constante cosmologique.

Pour le calcul rapide, un système établi sur les unités de Planck est particulièrement commode. Rappelons la valeur et le sens physique de ces unités.

Le temps de Planck : $t_{pl} = (G_N h/c^5)^{1/2} = 5{,}4 \times 10^{-44}$ seconde $\approx 10^{-43}$ seconde est la plus petite unité de temps compatible avec la physique quantique. La longueur de Planck : $R_{pl} = (G_N h/c^3)^{1/2}$ $= 1{,}6 \times 10^{-33}$ centimètre est la distance parcourue par la lumière pendant le temps de Planck. La masse de Planck : $M_{pl} = (G_N/hc)^{1/2}$ $= 1{,}2 \times 10^{19}$ GeV = 22 microgrammes est la masse d'un corps dont la longueur de Compton est égale au rayon du trou noir : $\lambda = h/2\pi Mc = R = GM/2c^2$. C'est la masse du plus petit trou noir compatible avec la physique quantique ; il s'évapore en un temps de Planck ! Dans ces unités, la constante de Newton $G_N = 6{,}67 \times 10^{-8}$ cm^3 g^{-1} s^{-2} devient $G_N = M_{pl}^{-2}$.

Le modèle newtonien

La théorie du Big Bang est un modèle d'univers dont le formalisme se dérive rigoureusement à partir des équations tensorielles d'Einstein. Dans ce contexte, les interprétations physiques sont loin d'être évidentes. Aussi est-il utile d'étudier auparavant un modèle plus simple, obtenu à partir de la physique newtonienne. Ce modèle ne peut pas être associé à l'univers entier : son champ d'application est restreint aux conditions physiques de faibles densités et de basses vitesses. Il nous donnera pourtant des intuitions intéressantes sur le contenu physique des équations du Big Bang.

Soit un fluide de densité homogène ρ, soumis à sa propre gravitation. Ce fluide est en expansion.

Considérons une portion de ce fluide, inscrit dans une sphère fictive de rayon r et de masse $M = \rho 4\pi r^3/3$. La force exercée par cette masse sur un élément de matière du fluide situé à sa surface est donnée par l'équation de Newton :

$$(1) \qquad d^2r/dt^2 = -GM/r^2.$$

Selon la méthode traditionnelle, multiplions les deux membres de cette équation par dr/dt, intégrons et ajoutons une constante d'intégration K :

$$(2) \qquad (dr/dt)^2/2 - GM/r = K/2.$$

Imaginons maintenant que cette sphère soit immergée dans un milieu homogène infini. La force gravitationnelle exercée par le milieu extérieur sur l'élément de masse considérée s'annule identiquement (théorème de Gauss). L'équation (2) reste valable dans ce milieu infini. En d'autres termes : la somme, par unité de masse, de l'énergie cinétique et de l'énergie potentielle est égale à l'énergie totale dont la valeur est spécifiée par $K/2$. Si K est positif, la sphère est en expansion indéfinie. Si K est négatif, l'expansion se poursuit pendant un certain temps et se transforme ensuite en une contraction. Le cas $K = 0$ décrit un système « virialisé ». La matière de la sphère a tout juste la « vitesse d'échappement ». Elle s'étend indéfiniment sans jamais revenir sur elle-même. Ces comportements caractéristiques se retrouveront dans le modèle du Big Bang.

Pour comparer l'équation (2) aux équations issues de la relativité générale, récrivons-la autrement :

(3) $$(dr/dt)^2/r^2 = 8\pi G\rho/3 + K/r^2.$$

Notons un premier résultat important. Sauf à supposer que ($K/r^2 = -8\pi G\rho/3$), la vitesse dr/dt n'est pas nulle. La sphère n'est pas statique. Elle peut être soit en expansion ($dr/dt > 0$) ou en contraction ($dr/dt < 0$). De plus, même si l'on imposait arbitrairement cette égalité, l'immobilité ($dr/dt = 0$) ne saurait durer. La moindre fluctuation de densité entraînerait un mouvement de la matière dans un sens ou dans l'autre, mouvement qui irait ensuite en s'amplifiant.

En d'autres termes, un univers qui ne contiendrait que des énergies gravitationnelles et des énergies cinétiques ne saurait être statique. La relativité générale se chargera de donner à cet énoncé une portée plus générale.

Utilisons maintenant ce modèle pour illustrer le sens physique de la constante cosmologique, introduite par Einstein pour obtenir un univers statique. Imposons au fluide une force supplémentaire, proportionnelle à la distance entre ses éléments $F = \Lambda r/3$ où Λ est une constante. Considérant à nouveau notre élément de masse à la surface de la sphère fictive et, effectuant les mêmes opérations qui nous ont amenés à l'équation (2), nous obtiendrons :

(4) $$(dr/dt)^2/r^2 = 8\pi G\rho/3 + K/r^2 + \Lambda/3.$$

Si $\Lambda/3 = -K/r^2 - 8\pi G\rho/3$, on a $dr/dt = 0$. Autrement dit : un choix approprié de l'intensité de la nouvelle force peut neutraliser la gravité et redonner l'état statique. Mais la situation est toujours instable.

Considérons maintenant l'énergie totale de la sphère $E = \rho V$ où ρ est la densité d'énergie. La sphère fait un travail PdV sur le milieu extérieur.

(5) $$dE/dt = Vd\rho/dt + \rho\, dV/dt = -PdV/dt$$

d'où :

(6) $$d\rho/dt = -3\,(\rho + P)\,(dr/dt)/r.$$

La diminution de la densité est proportionnelle à la somme de la densité et de la pression.

Le modèle relativiste

Le modèle cosmologique du Big Bang se formule à partir de la relativité générale. La « scène du monde » est un espace-temps à quatre dimensions : trois d'espace et une de temps. Les événements de la réalité se situent dans l'espace-temps. Un événement se place à un moment t de l'histoire et en un point de coordonnée x, y, z de l'espace.

Le temps ne se déroule pas à la même vitesse pour tout le monde ; il dépend de la vitesse relative des observateurs. Chaque observateur a son « temps ».

En cosmologie, on choisit de décrire le monde dans le référentiel de temps d'un observateur par rapport auquel la vitesse moyenne de la matière du cosmos est faible. Ce temps n'est pas absolu, il est simplement plus commode que les autres. Il coïncide, à peu de chose près, avec le temps de l'observateur terrestre. C'est celui que nous utiliserons pour notre remontée vers le passé.

L'élément (au carré) de distance infinitésimale entre deux événements est donné en toute généralité par l'expression : $ds^2 = \Sigma_{\mu\nu} g_{\mu\nu} dx^\mu dx^\nu$ où $g_{\mu\nu}$ est le tenseur métrique qui décrit les propriétés de l'espace. Les événements situés sur la trajectoire d'un faisceau de lumière sont reliés par $ds^2 = 0$.

Selon la théorie de la relativité, la présence de matière détermine la géométrie de l'espace-temps. Les orbites des particules sont les géodésiques de l'espace-temps. (Dans un espace vide, les $g_{\mu\nu}$ prennent la forme diagonale (+1, –1, –1 –1), l'élément de longueur est donné par $ds^2 = c^2dt^2 - dx^2 - dy^2 - dz^2$ et les orbites sont des lignes droites.)

Quantitativement, cette idée s'exprime en égalant un tenseur « géométrique » $S_{\mu\nu}$ qui incorpore les dix termes de courbure requis pour spécifier la géométrie à un tenseur « matériel » appelé « tenseur énergie-quantités de mouvement » $T_{\mu\nu}$ qui contient toute l'information sur les énergies et les moments cinétiques présents, soit :

$$S_{\mu\nu} = GT_{\mu\nu}. \tag{7}$$

La forme du tenseur géométrique a été choisie de façon que sa dérivée covariante s'annule identiquement. L'équation (7) montre que cette propriété s'étend également au tenseur matériel. Dans la terminologie traditionnelle, elle s'exprime de la façon suivante :

$$T_{\mu\nu;\nu} = 0. \tag{8}$$

Dans l'espace plan, cette équation exprime la conservation du tenseur énergie-quantités de mouvement. Dans l'espace courbe, cette relation de conservation se complique du fait qu'il faut y inclure l'énergie et le moment du champ gravitationnel lui-même.

A partir de ces relations tensorielles, Alexander Friedman et, indépendamment, Georges Lemaître ont élaboré un modèle simplifié dans lequel l'univers est représenté par un fluide homogène en expansion ; une approximation suggérée par la distribution et le mouvement de récession des galaxies. L'hypothèse d'homogénéité et d'isotropie du cosmos restreint le contenu du tenseur énergie-quantités de mouvement à sa diagonale et lui donne la forme : $T_{\mu\nu} = \{\rho(t), p(t), p(t), p(t)\}$.

La métrique de Robertson-Walker

Dans ce modèle homogène et isotrope, l'élément de longueur est donné par la métrique de Robertson-Walker (RW) :

$$ds^2 = c^2dt^2 - R(t)^2\{dr^2/(1 + r^2/R_c^2) + r^2(d\phi^2 + \sin^2\phi d\theta^2)\}. \tag{9}$$

Voyons ce qu'implique l'adoption de cette métrique. Les coefficients des éléments de longueur ne sont pas des fonctions des angles θ et ϕ : l'univers est isotrope. Le facteur $R(t)$ est appelé « facteur d'échelle ». C'est un nombre sans dimension qui donne l'échelle des distances à un temps donné. Il décrit l'expansion (ou la contraction) de l'espace au cours du temps. L'espace est homogène, puisque ce nombre multiplie les trois coordonnées d'espace de la même façon. La présence du terme en $(1 + r^2/R_c{}^2)$ indique que l'espace possède un rayon de courbure R_c. La courbure affecte les distances entre les points. Deux points séparés par un intervalle dr, où $dt = d\phi = d\theta = 0$, sont distants de :

(10) $$dl = R(t)\, dr(1 + r^2/R_c^2)^{-1/2}.$$

Il est de tradition de normaliser la coordonnée radiale r en posant $|k| = (R_c)^{-2}$. Le facteur k signe la courbure de l'espace. Si $k = 0$, l'espace est plan ; si $k = 1$, l'espace est de type sphérique. Il correspond à un univers « fermé » de volume fini. Si $k = -1$, l'espace est de type hyperbolique. Il correspond à un univers « ouvert » de volume infini.

Pour connaître le comportement de $R(t)$, il faut un modèle cosmologique complet. Plusieurs propriétés pourtant ne dépendent pas d'un modèle particulier. Elles découlent de la forme générale de la métrique RW. Dans la terminologie contemporaine, on dit qu'elles sont « génériques ».

Dynamique et thermodynamique du Big Bang

Introduisons les composantes de la métrique RW dans l'équation tensorielle d'Einstein. Celle-ci se simplifie considérablement et ne garde que deux composantes :

(11) $$(dR/dt)^2/R^2 + k/R^2 = 8\pi G\rho/3.$$

C'est l'équation *dynamique* de l'univers. Elle donne la relation entre la matière-énergie (représentée par la densité d'énergie ρ) et la géométrie de l'espace. La forme est la même que celle de son homologue newtonienne (équation (3)). L'interprétation est différente. Le deuxième terme k/R^2 représente la courbure spatiale. Le premier terme $(dR/dt)^2/R^2$ de dimension $[t]^{-2}$ peut s'interpréter comme une *courbure du temps*. On y retrouve donc l'idée générale de la relativité : la matière (membre de droite) courbe l'espace-temps (membres de gauche).

On appelle densité critique ρ_c celle qui correspond à $k = 0$. L'équation (11) nous en donne la définition : $(dR/dt)^2/R^2 \equiv 8\pi G\rho_c/3$. Cette densité sert à normaliser les densités cosmologiques : on pose $\Omega_i = \rho_i/\rho_c$ le rapport d'une densité ρ_i sur la densité critique.

Comme dans le modèle newtonien, le destin futur de l'univers est inscrit dans la valeur de k. Si $k = -1$, il a une durée infinie dans l'avenir ; les galaxies s'éloignent indéfiniment. Si $k = 1$, il finira par se rétracter sur lui-même. Le cas $k = 0$ correspond à un univers de volume infini et de courbure nulle (géométrie plane). Sa durée temporelle future est infinie.

Cette équation a une grande importance historique. Elle nous dit qu'un univers qui ne contient que des énergies cinétiques et gravitationnelles n'est pas statique. Comme son équivalent newtonien, elle égale la dérivée temporelle du paramètre d'expansion (dR/dt) à une somme de termes qui n'a aucune raison évidente d'être nulle.

Pour compenser cette propriété indésirable (selon lui) de son équation, Einstein ajoute à l'équation tensorielle un nouveau terme $\Lambda\, g_{\mu\nu}$ où Λ est la constante cosmologique :

(12) $$S'_{\mu\nu} = S_{\mu\nu} + \Lambda\, g_{\mu\nu} = GT_{\mu\nu}.$$

Sur le plan géométrique, ce terme donne à l'univers une *courbure intrinsèque*. Elle caractériserait l'espace d'un univers vide ($T_{\mu\nu} = 0$).

Dans le modèle homogène, l'équation dynamique devient alors :

(13) $$(dR/dt)^2/R^2 + k/R^2 = 8\pi G\rho/3 + \Lambda/3,$$

une équation que nous avons déjà rencontrée dans le modèle newtonien, mais avec une force additionnelle ici.

Einstein décide arbitrairement de donner à Λ la valeur exacte requise pour obtenir $dR/dt = 0$. Par là, il passe à côté d'une découverte importante : l'évolution du cosmos. On montre un peu plus tard que cette solution n'est pas stable. Même si Λ est arbitrairement choisi pour neutraliser l'expansion aujourd'hui, toute perturbation, aussi petite soit-elle, suffira à amener le fluide hors de cet équilibre instable et à induire un mouvement d'ensemble (expansion ou contraction). De surcroît, les observations de Hubble montrent, quelques années plus tard, que $(dR/dt)/R > 0$.

L'équation de conservation du tenseur énergie-quantités de mouvement de la relativité générale (équation (7)), appliquée à l'univers isotrope et homogène, donne l'équation *thermodynamique* du Big Bang :

(14) $$d\rho/dt + 3(\rho + P)\,(dR/dt)/R = 0.$$

Comme son équivalent newtonien, elle relie la variation de la densité d'énergie à l'équation d'état de la matière cosmique.

Une remarque qui nous sera plus tard très utile. Un univers statique ($d\rho/dt = 0$) exigerait l'existence d'une pression négative, numériquement donnée par $P = -\rho$. Une telle équation d'état trouve son champ d'application dans le domaine des énergies quantiques.

Observations du cosmos

Adaptons ce modèle aux observations astronomiques pour étudier le passé du cosmos. On assigne à chaque galaxie des coordonnées spatiales fixes (coordonnées comobiles) r_g, θ_g, Φ_g. Considérons deux galaxies séparées par la distance r sur la métrique. Au temps t_1, si $r << R_c$ leur distance physique est

$d_1 = rR_1$. L'expansion de l'espace entraîne les galaxies. Entre le temps t_1 et t_2, leur distance s'accroît de $d_2/d_1 = R_2/R_1$.

Les observations de Hubble montrent que la lumière émise par les galaxies est décalée vers le rouge. Un rayonnement émis avec la longueur d'onde λ_e au moment t_e est reçu avec la longueur λ_0 (maintenant). On définit z, le facteur de décalage, par :

(15) $$1 + z = \lambda_0/\lambda_e.$$

L'expansion de l'espace affecte les longueurs d'ondes exactement comme la distance entre les galaxies. Pour le démontrer, rappelons que les photons suivent des trajectoires caractérisées par l'expression $ds^2 = 0$ (équation (9)). La distance physique cdt parcourue par un photon en un temps dt est donnée par l'équation (10). Soit un photon émis en r_e, t_e et reçu par nous ($r_0 = 0$) au temps t_0. La distance parcourue (sur la métrique) par ce photon pendant son trajet est donnée par :

(16) $$r_e = S(c\int_{t_e}^{t_0} \frac{dt}{R(t)})$$

où $S(x) = \sin x, x, \mathrm{sh}x$ suivant que $k = 1, 0, -1$ respectivement.

Pour relier le rougissement des galaxies à la géométrie de l'univers en expansion, considérons l'émission de deux maxima d'une onde lumineuse, aux temps t_e et $(t_e + \lambda_e/c)$. Le premier maximum nous arrive à t_0 et le second à $t_0 + dt_0 = (t_0 + \lambda_0/c)$. Intégrant l'équation (16) pour les deux émissions et soustrayant, on obtient la relation $\lambda_0/R_0 = \lambda_e/R_e$ et donc :

(17) $$1 + z = \lambda_0/\lambda_e = R_0/R_e.$$

Le facteur $R(t)$ décrit l'expansion de l'espace dans lequel les galaxies sont situées (et par rapport auquel elles sont quasiment immobiles). La définition de z montre l'effet de cette expansion sur les longueurs d'ondes lumineuses. Tout se passe comme si les longueurs d'ondes participaient à l'expansion.

Le facteur z va devenir un des paramètres les plus utiles de la cosmologie. Il détermine l'accroissement de la distance entre deux galaxies. Si un quasar de $z = 4$ se trouve aujourd'hui à une distance d_0, il se trouvait à $d_e(z)/d_0 = (1 + z)^{-1}$, soit 20 % de la distance présente quand il a émis la lumière λ_e que nous recevons à λ_0. En mesure avec cette expansion, les densités numériques $n(z)$ de particules stables varient comme $n(z) = n_0(1 + z)^3$.

Nous verrons plus tard que, pendant la plupart du temps de l'histoire de l'univers, la température du rayonnement varie avec l'inverse du facteur d'échelle : $T_e/T_0 \propto R_0/R_e$. La densité d'énergie du rayonnement $\rho(T)$ est donnée par $\rho(T_e)/\rho(T_0) = (T_e/T_0)^4 = (1 + z)^4$.

La « constante » de Hubble

Les observations montrent que le décalage spectral relatif $\Delta\lambda = (\lambda_0 - \lambda_e)/\lambda_e = z$ est proportionnel à la distance D de la galaxie émettrice. L'effet Doppler relie la vitesse v d'un corps au décalage spectral subi par son rayonnement par l'expression $v/c = z$ (pour $v/c << 1$).

Soit $D(t) = R(t)\ r$ la distance qui nous sépare d'une galaxie. La variation de cette distance avec le temps est donnée par $dD/dt = (dR/dt)r = ((dR/dt)/R)D$.

On nomme $H \equiv (dR/dt)/R$ la « constante » de Hubble (elle varie avec le temps). La loi de Hubble s'écrit $v = H_0 D$ où H_0 est la valeur de H aujourd'hui.

Pour des raisons historiques, on emploie pour H_0 un système d'unité un peu compliqué : $H_0 \approx 75$ km/s/mégaparsec (les limites observationnelles sont comprises entre 50 et 100) (un mégaparsec $\approx 3 \times 10^6$ années-lumière). Il est de tradition d'utiliser le paramètre h pour décrire l'incertitude sur la valeur de cette constante : h est la constante de Hubble en unités de 100 km/s/mégaparsec ; on a : $0{,}5 < h < 1$.

Cette évaluation nous permet d'estimer $\rho_c = 1{,}88h^2 \times 10^{-29}$ g/cm^3, la densité critique de l'univers aujourd'hui, définie par l'équation (11), en posant $k = 0$. Pour $h = 0{,}75$ on obtient $\rho_c \approx 10^{-29}$ g/cm^3.

La quantité $1/H_0$ est une mesure de l'âge de l'univers. Elle est comprise entre 10 et 20 milliards d'années.

Pour des vitesses faibles ($v << c$) on a :

(18) $$z \equiv (\lambda_0/\lambda_e) - 1 = v/c = H_0 D/c.$$

Pour v plus grand on utilise l'expression générale :

(19) $$v(z)/c = [(1+z)^2 - 1]/[(1+z)^2 + 1].$$

Un quasar situé à $z = 4$ s'éloigne à 92 % de la vitesse de la lumière.

A défaut de distances mesurées, on utilise quelquefois le paramètre z pour évaluer la distance d'une galaxie. La relation s'écrit alors (pour $z << 1$) :

$$D = zH_0^{-1}, \text{ d'où : } D/(15 \times 10^9 \text{al}) = z.$$

Pour décrire le comportement de l'espace, les cosmologistes utilisent également le paramètre de décélération q :

(20) $$q = -(d^2R/dt^2)R/(dR/dt)^2.$$

Sa valeur présente q_0 est reliée aux autres paramètres d'un modèle cosmologique par :

(21) $$q_0 = H_0^{-2}[\Lambda c^2/3 - 4\pi G\,(\rho_0/3 + P_0/c^2)].$$

Si le terme de pression est négligeable face au terme de densité et si $\Lambda = 0$, on a $q_0 = \Omega/2$.

Une formule utile, appelée formule de Mattig, nous permet de relier les paramètres du modèle : R_0, R_e et r_e aux observables cosmologiques : z, H_0 et q_0 :

(22) $$(1+z)\,R_e r_e/(c/H_0) = R_0 r_e/(c/H_0)$$
$$= \{q_0(1+z) + 1 - 2q_0 + (q_0 - 1)\,[2q_0(1+z) + 1 - 2q_0]^{1/2}\}/q_0^2(1+z)^2.$$

Le mouvement général des galaxies s'appelle le courant de Hubble. En plus de ce mouvement, les galaxies ont des mouvements aléatoires de l'ordre de quelques centaines de kilomètres par seconde. Cette composante devient négligeable devant le courant de Hubble quand les distances atteignent les dizaines de millions d'années-lumière.

Les horizons cosmologiques

Plusieurs problèmes de la cosmologie contemporaine sont des problèmes de « causalité » (chapitres 9 et 10). Pour les apprécier à leur juste valeur, il faut en connaître le formalisme précis. Ici, les notions d'horizons sont fondamentales.

On définit l'*horizon actuel* $h(t)$ (*particle horizon* en anglais) comme la frontière de l'ensemble des points de l'espace qui peuvent être entrés en contact causal avec un point donné depuis le « temps zéro ». Rappelant qu'aucune influence physique ne peut voyager plus vite que la lumière, on pose $h(t)$ égal à la distance physique parcourue par un photon pendant cette période. A partir de $ds^2 = 0$ pour la lumière, on l'obtient en intégrant l'équation (16), de $t = 0$ jusqu'à t_0.

Prenons un exemple pour illustrer la situation. Comme nous le verrons plus tard, dans l'univers contemporain, le facteur d'échelle $R(t) \propto t^{2/3}$, d'où $h(t) = 3ct$ (pour $k = 0$. Notons que l'horizon $h(t) \propto t$ croît *plus vite* que le facteur d'échelle $R \propto t^{2/3}$. En conséquence, à chaque instant, de nouveaux astres deviennent observables alors qu'ils ne l'étaient pas auparavant. Ce fait est d'une très grande importance cosmologique. Il posera le problème des conditions initiales (voir chapitre 10).

On définit également l'*horizon limite (event horizon)* comme l'ensemble des points de coordonnées comobiles qui seront observables dans le futur. Leur distance comobile est donnée par l'intégrale (16) avec $t_{inf} = 0$ et $t_{sup} = \infty$.

Chronologie des événements : âge de l'univers

Pour savoir à quel moment de l'histoire cosmique un événement s'est produit, on mesure le temps écoulé depuis l'émission d'un photon marquant cet événement. Cette durée τ dépend du modèle envisagé par un seul paramètre q_0, la décélération. C'est au travers de ce paramètre (équation (21)) que les autres caractéristiques du modèle s'inscrivent.

Considérons un modèle à géométrie plane ($k = 0$) et à constante cosmologique nulle (modèle dit d'Einstein-de Sitter). Dans ce cas, $\Omega = 1$ et $q_0 = 1/2$. Utilisant la formule de Mattig et l'équation 16, on obtient :

$$\tau H_0 = (2/3)\,[1 - (1 + z)^{-3/2}]. \qquad (23)$$

Pour $z << 1$ on a $\tau H_0 = z$ tandis que pour $z >> 1$ on a $\tau H_0 = 2/3$. En d'autres termes, des photons ayant voyagé pendant une durée de $(2/3)\,H_0^{-1}$ et provenant donc d'une distance de $(2/3)\,H_0^{-1}$ auraient une énergie nulle. C'est (pour $k = 0$ et $\Lambda = 0$) la limite de l'univers observable aussi bien dans le temps que dans l'espace. Pour $H_0 = 50$ et 100 km/s/mégaparsec, cette distance est de 7 et 13 milliards d'années respectivement. La première limite est exclue par les mesures d'âge d'étoiles.

Ces temps s'allongent si la densité est inférieure à la densité critique, mais restent inférieurs à H_0^{-1}. C'est la limite supérieure pour un univers de constante cosmologique Λ nulle. (Ces âges peuvent encore être augmentés par le choix d'un Λ positif.) La figure 5R A (page suivante) donne le temps de trajet des photons, en fonction du paramètre z pour $\Lambda = 0$ et différentes valeurs du paramètre q de décélération.

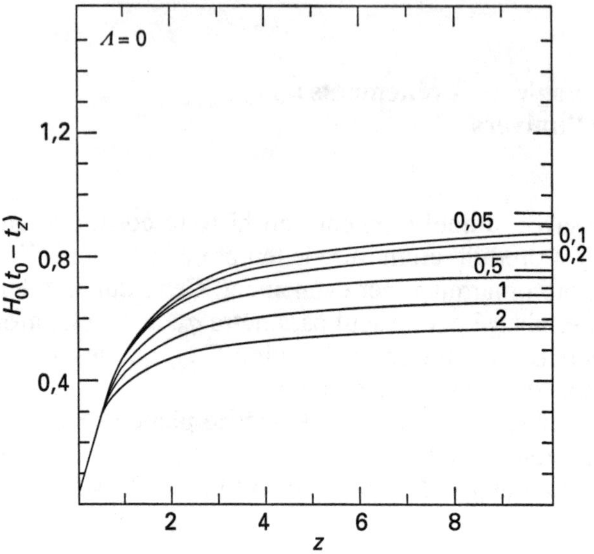

Figure 5R A. Les voyages de la lumière. Durée du trajet des photons, en fonction du paramètre z en unités de l'inverse de la constante de Hubble et pour différentes valeurs du paramètre de décélération (en posant la constante cosmologique nulle).

B. LES COMPOSANTES DU MODÈLE

Pour compléter la description du Big Bang (équations (11) et (14)), il faut spécifier les équations d'état de la matière à divers moments de l'évolution cosmique. Trois composantes différentes vont intervenir en leur temps : une composante radiative, une composante matérielle et une troisième composante dite « quantique » ou encore « du vide ».

La composante radiative

Dans un régime radiatif, les particules sont relativistes $kT >> Mc^2$. A l'équilibre, les réactions (créations et annihilations) maintiennent une population stable de particules. La physique statistique stipule que le nombre de particules est $n(T) \propto T^3$ tandis que leur énergie moyenne est : $E = h\nu \propto T$. La densité d'énergie est proportionnelle à la quatrième puissance de la température :

(24) $$\rho \propto g(T)\, T^4$$

(25) $$g(T) = \Sigma_i\, [g_{iB} + (7/8)\, g_{iF}].$$

Le facteur $g(T)$ s'appelle le « facteur démographique ». Il tient compte de toutes les variétés de particules élémentaires relativistes qui coexistent dans l'univers à un moment donné de son histoire. Il incorpore les coefficients de multiplicité (nombre d'états de spin, etc.) de chaque espèce. (Ce nombre est de 2 pour les photons, 4 pour les électrons-positrons, 2 pour chaque variété de neutrinos.) Dans cette somme, il faut compter séparément les bosons et les fermions ; à cause de leur statistique différente, ils ne sont pas comptabilisés de la même façon. D'où le facteur 7/8 qui apparaît dans l'équation (25).

La pression radiative est égale à un tiers de la densité d'énergie ($P = 1/3\ \rho c^2$). Posant $h = c = k$ (Boltzmann) = 1, on a :

(26) $$\rho = 3P = (\pi^2/30)\, g(T)\, T^4.$$

La figure 5R B (page suivante) décrit la variation de $g(T)$ en fonction de la température. Le changement rapide autour de 150 MeV correspond à la transformation du plasma de quarks et de gluons en protons, neutrons et pions. Autour de 0,5 MeV l'annihilation des positrons et des électrons occasionne une autre variation importante.

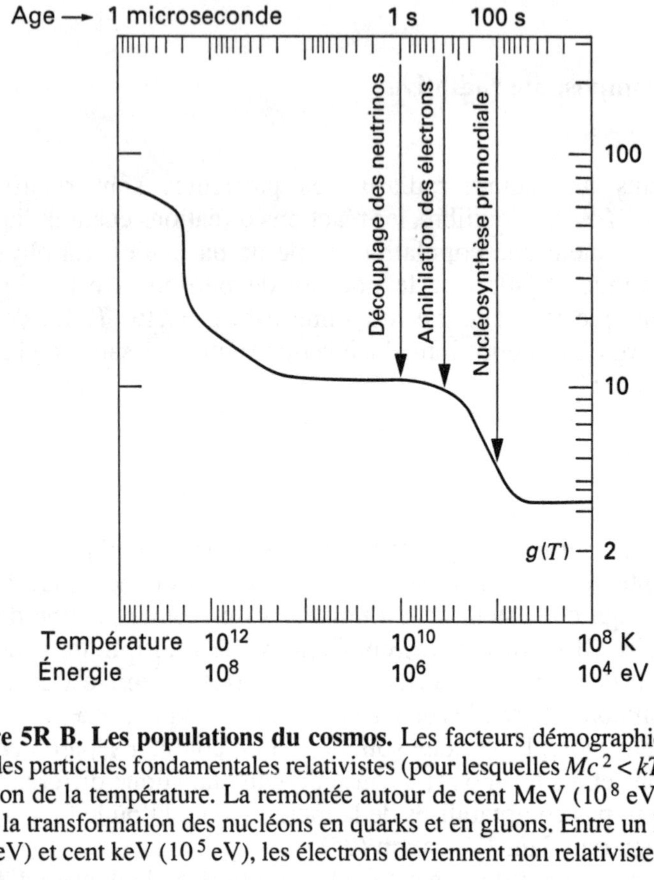

Figure 5R B. Les populations du cosmos. Les facteurs démographiques $g(T)$ des particules fondamentales relativistes (pour lesquelles $Mc^2 < kT$) en fonction de la température. La remontée autour de cent MeV (10^8 eV) est due à la transformation des nucléons en quarks et en gluons. Entre un Mev (10^6 eV) et cent keV (10^5 eV), les électrons deviennent non relativistes.

La conservation de l'entropie

En réarrangeant l'équation (14), on obtient :

(27) $$(d/dt)\,[V(\rho + P)/T] = 0.$$

Le terme $s = (\rho + P)/T$ est la densité d'entropie. L'équation affirme que l'entropie $S = sV$ dans un covolume V ne change pas au cours de l'expansion.

Par ailleurs, la physique statistique montre que l'entropie S d'un gaz relativiste est proportionnelle au nombre de particules en interaction dans ce gaz. La densité d'entropie s est donc proportionnelle au cube de la température T^3 :

(28) $$s = (2\pi^2/45)\, g_{int}(T)T^3.$$

Le $g_{int}(T)$ se distingue du $g(T)$ de l'équation (24) par le fait qu'il ne comprend que les particules en interaction (au-delà de la gravité) tandis que le premier inclut toutes les particules.

En associant les équations (27) et (28), on obtient $S = sV \propto T^3R^3$ = cste, d'où le résultat très important : $T \propto 1/R$. *Pendant l'expansion, la température décroît inversement avec le facteur d'échelle.*

La conservation de l'entropie par covolume peut s'obtenir à partir du modèle newtonien. La sphère en expansion fait un travail $-PdV$ sur le milieu extérieur. Son énergie totale $E = \rho V$ diminue d'autant : $dE = dQ = -PdV$. L'expression de l'entropie relie ces deux quantités par $TdS = dQ + PdV = 0$. L'expansion est réversible.

L'entropie d'un covolume égal à la dimension de l'univers observable aujourd'hui est donnée par $S = (4\pi/3)\, H_0^{-3}\, s \approx 10^{90}$. L'entropie par nucléon de l'univers $s/n_b \approx n$ (photons)/n (nucléons) est de l'ordre de 10^{10} (comparée à environ 10^{-2} pour la matière solaire).

Les relations développées ici ne concernent que l'expansion de l'espace géométrique de l'univers. Il faut aussi tenir compte de l'entropie engendrée par les myriades de réactions qui se produisent entre les particules de la matière cosmique.

Pendant la plus grande partie de l'histoire de l'univers, les taux de réaction des particules sont beaucoup plus rapides que le taux d'expansion. Dans ces conditions, l'équilibre thermodynamique est maintenu à tout instant et il n'y a pas de création d'entropie par covolume. Ce qui n'a pas été le cas, cependant, lors des épisodes inflationnaires dont nous parlerons plus tard. L'entropie de l'univers y crût prodigieusement en très peu de temps. Dans ces circonstances, $R \propto 1/T$ n'est plus valable.

Dans l'univers contemporain, la principale source d'augmentation de l'entropie cosmique est l'évolution stellaire. Les étoiles évoluent d'une façon irréversible. Elles ont accru l'entropie cosmique d'environ une partie pour mille depuis l'émission du rayonnement fossile. C'est peu, mais ça suffit aux exigences du second principe de la thermodynamique[12].

Facteurs d'échelle et horizons

Pour obtenir le comportement du facteur d'échelle $R_r(t)$ en phase radiative, on introduit l'équation d'état (26) dans l'équation thermodynamique (14). On obtient : $d\rho/\rho = -4dR/R$, soit $\rho_r \propto R^{-4}$. Comparant avec $\rho_r \propto T^4$, on retrouve $T \propto 1/R$ tel qu'obtenu par la conservation de l'entropie. Tenant compte du fait que, aux premiers temps du cosmos, le terme de densité $8\pi G\rho_r/3 \propto R^{-4}$ domine les termes de courbure k/R^2 ainsi que la constante cosmologique $\Lambda/3$, on obtient $(dR/dt)^2/R^2 \approx 8\pi G\rho_r/3 \propto R^{-4}$ d'où :

(29) $$R_r \propto t^{1/2} \text{ et } T_r(t) \propto t^{-1/2}.$$

On calcule la distance à l'horizon par les équations (16) et (29). On obtient $h_r(t) = 2ct$. Un premier ct vient du trajet de la lumière sur la métrique (coordonnées comobiles) ; le second vient de l'étalement de l'espace.

La composante radiative domine la densité depuis les premiers temps du cosmos. La relation (29) sert à établir l'horloge conventionnelle du cosmos. Utilisant les unités de Planck, on calcule :

$$t/t_{pl} = (1/4\pi)\,[(45/\pi)g(T)]^{1/2}\,(M_{pl}/T)^2$$

$$t/t_{pl} \cong (M_{pl}/T)^2 \,;\; t(\mathrm{s}) \approx (T/\mathrm{Mev})^{-2}.$$

L'univers est âgé d'une seconde quand la température est d'environ un mégaélectronvolt.

La composante matérielle

Nous considérons maintenant une composante « matérielle » de densité ρ_m, constituée des particules non relativistes ($kT << Mc^2$). Les vitesses étant très faibles par rapport à celle de la lumière, la gravité exercée par la pression est négligeable par rapport à celle de la masse ($P_m << \rho_m c^2$). La densité d'énergie est simplement donnée par $\rho_m = \Sigma_i n_i M_i c^2$ où n_i est le nombre de particules de masse M_i par unité de volume. L'équation thermodynamique (14) donne maintenant $\rho_m \propto R^{-3}$. La densité d'énergie dans un covolume, proportionnelle au nombre de particules massives, reste constante. Aujourd'hui, les particules non relativistes dominent largement la densité de l'univers. Nous sommes dans une ère matérielle. Comme on le montrera au chapitre 6, la relation $T_r \propto 1/R$ décrit encore correctement la température T_r du rayonnement fossile. Nous avons donc :

(30) $$\rho_m \propto R^{-3} \propto T_r^3.$$

Le comportement des composantes radiatives et matérielle est illustré dans la figure 5R C (page suivante).

Le facteur d'échelle de la composante matérielle R_m dépend du modèle cosmologique. Dans le cas $k = 0$, $\Lambda = 0$, on a :

(31) $$R_m \propto t^{2/3} \text{ et } T_{rm}(t) \propto t^{-2/3}.$$

Ce T_{rm} est la température du rayonnement fossile pendant l'ère matérielle. La composante matérielle n'est pas isotherme ; elle ne peut plus être décrite par une seule température.

L'horizon est donné par $h_m(t) = 3ct$.

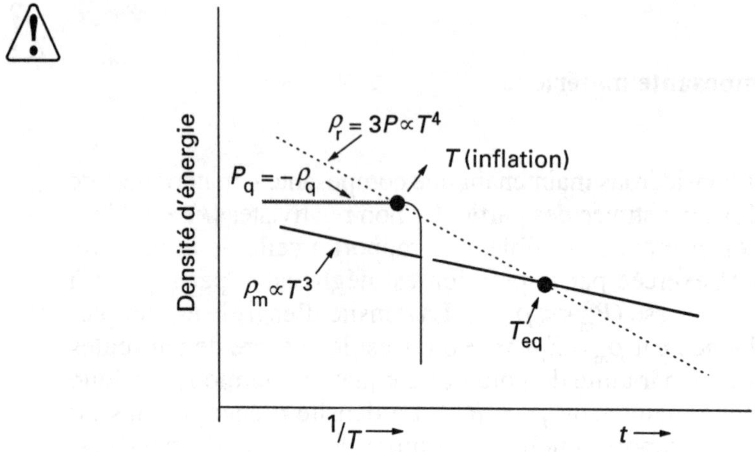

Figure 5R C. L'évolution des densités. La densité d'énergie ρ_r de la composante radiative ($\propto T^4$) décroît plus vite avec la chute de la température (représentée par $1/T$) que celle de la composante matérielle $\rho_m \propto T^3$. Au point de rencontre (T_{eq}), l'ère radiative se termine tandis que commence l'ère matérielle.
La composante quantique ρ_q est caractérisée par une densité constante, indépendante de la température et de l'expansion. Sa rencontre avec la composante radiative marque le début d'un épisode inflationnaire.

Vers le passé

La densité de la matière (non relativiste) domine l'univers contemporain. Tel n'était pas le cas dans le passé. La densité d'énergie des rayonnements ($\propto T_r^4$) décroît plus vite (figure 5R C) avec la température décroissante que celle de la matière ($\propto T_r^3$). On appelle T_{eq} la température à laquelle ces deux densités sont égales et z_{eq} le facteur de décalage correspondant. On passe alors de l'ère radiative à l'ère matérielle.

Le rapport de cette température T_{eq} à la température du rayonnement fossile (2,7 K) est égal au rapport présent de la densité totale à la densité du rayonnement fossile.

(32) $T_{eq}/2{,}7 = (1 + z_{eq}) \approx z_{eq} = \Omega\,(\text{total})/\Omega\,(3\text{ K})$.

Plus précisément :

$$T_{eq} = 5{,}62\ (\Omega h^2)\ \text{eV} = 6{,}52 \times 10^4\ (\Omega h^2)\ \text{K}\,;$$
$$t_{eq} = 4{,}17 \times 10^{10} (\Omega h^2)^{-2}\ \text{s}.$$
$$R_{eq} = 4{,}18 \times 10^{-5} (\Omega h^2)^{-1}.$$

Pour $H_0 = 75$, on a : $z_{eq} = 2\,500$ si $\Omega = 0{,}1$ et $z_{eq} = 25\,000$ si $\Omega = 1$. Deux points de l'espace se trouvaient alors 10^4 (si $\Omega = 1$) ou 10^5 (si $\Omega = 0{,}1$) fois plus rapprochés que maintenant.

La composante quantique

En cosmologie, on s'intéresse à une troisième composante de la matière cosmique. A certaines périodes très précoces de la vie de l'univers, la densité est dominée par des énergies quantiques – appelées également « énergies du vide » – associées à différentes transitions. On peut les comparer aux chaleurs latentes des changements de phase des substances chimiques. Ces énergies, qui n'apparaissent pas dans le modèle standard classique du fluide homogène, proviennent de la description de la matière en termes de champs quantiques.

Cette composante de matière possède des propriétés curieuses. La pression y est négative et égale en valeur absolue à la densité. L'équation d'état est : ($P_q = -\rho_q$).

L'équation thermodynamique (14) donne pour cette composante : ($d\rho/dt = 0$). La densité est constante : elle ne varie pas avec la température T (figure 5R C). D'où le résultat étrange : cette composante n'est pas directement affectée par l'expansion. (On verra plus tard qu'elle en est indirectement affectée.)

Le tenseur énergie-quantités de mouvement de cette composante s'écrit $\rho_q(+1, -1, -1\ -1)$ ou $\rho_q g_{\mu\nu}$. Cette forme nous permet, par l'équation (12), d'intégrer cette composante dans l'équation dynamique (13). On pose simplement : $\Lambda = \rho_q$. La constante cosmologique trouve ici un nouveau rôle, totalement imprévisible au moment où Einstein l'a inventée...

Le facteur d'échelle de cette composante (équation (13) ; le terme de courbure est alors négligeable) est :

(33) $$R = R_0 \exp (t/\tau_0) \text{ ; où } \tau_0 = (8\pi G\rho_q/3)^{-1/2}.$$

L'expansion croît exponentiellement, d'où le terme d'« inflation » associé à cette période.

L'horizon, obtenu par l'équation (16), augmente également de façon exponentielle :

(34) $$h(t) = c\tau_0 \exp (t/\tau_0), \text{ si } t >> \tau_0.$$

Le rapport entre l'horizon et le facteur d'échelle est maintenant constant : $h(t)/R(t) = c\tau_0/R_0$. Contrairement au cas des composantes radiative et matérielle, l'horizon ne progresse plus sur la métrique. Ce fait jouera un rôle essentiel dans les cosmologies inflationnaires.

Densitologie cosmique

Dans cette section, nous allons revoir d'une façon quantitative l'estimation des différentes composantes connues de la densité universelle.

Il y a d'abord le *rayonnement fossile* (2,7 K) dont la densité d'énergie de 0,24 eV/cm^3 correspond à une densité massique de $4{,}5 \times 10^{-34}$ g/cm^3. On utilise le paramètre $\Omega \equiv \rho/\rho_c$ où $\rho_c = 1{,}9\ h^2 10^{-29}$ g/cm^3 (la densité critique). Pour le rayonnement fossile, on a $\Omega_{(3\,K)} = 4{,}2 \times 10^{-5}$ si $H_0 = 75$ (voir figure 5 H, p. 82).

Ensuite, considérons la *composante lumineuse*. Il s'agit de la matière associée aux étoiles et aux gaz émetteurs dans l'univers. La somme Ω_L (étoiles + gaz) $\approx 0{,}01$.

L'étude de la rotation des étoiles dans les galaxies ainsi que de la stabilité des amas de galaxies nous a révélé la présence d'une composante de matière invisible qui se manifeste par son champ de gravité. Elle influence les orbites des corps lumineux, par exemple en accélérant les mouvements des étoiles ou des galaxies. Nous l'appellerons la *composante dynamique*.

On estime cette composante à $\Omega(\mathrm{dyn}) \approx 0{,}1$. Notons qu'il s'agit d'une composante de matière relativement concentrée dans l'espace (dans les galaxies et les amas). Cela n'exclut pas la possibilité d'une composante homogène qui, par le théorème de Gauss, ne se manifesterait pas dans l'étude des courbes de rotation ou des amas de galaxies.

Comme nous le verrons au prochain chapitre, la nucléosynthèse primordiale nous permet d'évaluer la densité de *matière nucléonique* (ou hadronique) Ω_b dans l'univers. On trouve : $0{,}007 < \Omega_b h^2 < 0{,}018$.

L'impossibilité de mettre en évidence la décélération des galaxies nous permet d'obtenir une limite supérieure de $\Omega = 3$ (voir figure 5 B, p. 61).

En juxtaposant la limite inférieure obtenue par la densité lumineuse et cette limite supérieure, nous définissons la « fenêtre cosmologique des densités cosmiques ». Elle se situe entre un centième et trois fois la densité critique (voir figures 5 B, p. 61, et 5 E, p. 74). Les observations semblent favoriser une densité intermédiaire voisine de $\Omega \approx 0{,}1$ mais la valeur critique $\Omega = 1$ ne peut pas être exclue.

Le rayon de courbure de l'univers

Dans un modèle d'univers à constante cosmologique nulle, on peut déterminer le rayon de courbure de l'espace à partir de l'équation dynamique (11) ou (13). Reprenons-la en y introduisant la définition de la densité critique ρ_c :

$$(dR/dt)^2/R^2 \equiv 8\pi G\rho_c/3 = 8\pi G\rho/3 - k/R^2.$$

Notre analyse dimensionnelle du début de ce chapitre montre que la valeur numérique de chacun de ces termes peut s'exprimer aussi bien en température à la quatrième puissance qu'en rayon de courbure à la puissance moins deux. En unités de Planck (pl), le terme en $G\rho$ peut s'exprimer des deux façons :

(35) $$G\rho \approx M_{pl}^2 (T/M_{pl})^4 \approx r_{pl}^{-2} (r_{pl}/R)^2.$$

La limite inférieure à la densité présente de l'univers nous indique que $\Omega > 0{,}1$. Donc :

(36) $$k/R^2 < (0{,}1) \times 8\pi G\rho_c/3.$$

Cette inégalité montre que le rayon de courbure est au moins égal au rayon de l'univers observable : $R > 10^{61}\ r_{pl} = 10^{28}$ cm $= 10^{10}$ al.

En principe, le rayon de courbure pourrait être mesuré directement. Les efforts jusqu'ici ont été vains. Ils n'en donnent qu'une limite inférieure qui est tout à fait compatible avec celle que nous venons d'évaluer. Nous allons utiliser cette limite dans la section suivante.

La constante cosmologique

Revenons temporairement à cette mystérieuse constante cosmologique introduite (et récusée par la suite) par Einstein lui-même. Que pouvons-nous en dire ?

Dans la section précédente, nous avons évalué une limite inférieure au rayon de courbure de l'espace à partir de l'équation dynamique en faisant l'hypothèse $\Lambda = 0$. Ici, la stratégie est différente. Nous réintroduisons la constante cosmologique et nous utilisons les limites observationnelles au rayon de courbure, ainsi que les estimations déjà discutées de Ω et de H_0 pour obtenir des renseignements sur Λ à partir de l'équation dynamique complète

$$(dR/dt)^2/R^2 + k/R^2 = 8\pi G\rho/3 + \Lambda/3.$$

On obtient :

(37) $$\Lambda/3 < 8\pi G\rho_c/3.$$

En d'autres termes, la constante cosmologique, si elle n'est pas nulle, ne représente pas une densité d'énergie supérieure à trois fois la densité critique. Cette information prendra une portée considérable quand nous remonterons plus avant dans l'histoire du cosmos.

6. La plus vieille image du monde

Les observations cosmologiques nous donnent l'image d'un univers antique plus dense et plus chaud. Jusqu'où pouvons-nous poursuivre cette remontée vers le passé ? A quelles températures extrêmes l'univers a-t-il été porté ?

Sur la voie de notre exploration, la physique nous vient encore en aide. L'augmentation de la température a pour effet d'intensifier les mouvements des atomes. Cette agitation, à son tour, les amène à rayonner. Plus les corps sont chauds plus ils irradient. Notre corps émet des rayons infrarouges que nos yeux ne peuvent détecter. Mais les serpents les perçoivent avec leur troisième œil situé au milieu du front. Au Kenya, la vie des animaux nocturnes s'observe avec des lunettes sensibles aux infrarouges. A des températures supérieures à mille degrés, toutes les substances deviennent visibles. J'ai vu au Guatemala des sommets volcaniques rougeoyants dans la nuit.

Les couleurs suivent l'arc-en-ciel. Le métal, chauffé progressivement, brille en rouge sombre, puis en rouge clair, puis en orange. Porté à plus haute température, il émettrait surtout du bleu et du violet.

Regarder loin, c'est voir « lumineux »

Plus dense et plus chaud, l'univers du passé devait donc être plus lumineux. Le physicien George Gamow en arrive à cette conclusion hardie, peu après la Seconde Guerre mondiale. En remontant suffisamment loin dans le passé, on atteindrait une ère éblouissante. L'énergie lumineuse y serait largement supérieure à toutes les autres formes d'énergie. Quel changement de perspective face à l'image aristotélicienne d'un univers statique, glissant inexorablement d'une éternité révolue à une éternité future !

Qu'est-il advenu de ce rayonnement éclatant qui régnait jadis sur l'espace ? C'est la question que pose alors George Gamow. Où sont passés les photons qui en formaient la substance ? Les lois de la physique permettent de répondre. Le refroidissement cosmique, qui a transformé l'antique univers incandescent en un monde froid où la nuit est noire, en a profondément altéré l'aspect. L'expansion de l'espace a « allongé » la longueur d'onde des photons primordiaux.

Notre œil est sensible à des photons d'un peu moins d'un micron (un millième de millimètre). Ceux qui nous parviennent de cette époque atteignent maintenant plus d'un millimètre de longueur d'onde. Rumeur atténuée de la splendeur originelle, il ne reste plus aujourd'hui dans le ciel qu'un faible rayonnement, invisible à nos yeux.

Le détecter exige des instruments sensibles à ces photons millimétriques (semblables à ceux des radars, de la télévision et des fours à micro-ondes). Il faut des récepteurs adaptés à l'extrême faiblesse de ce signal antique, capables de l'extraire du fatras de lumières parasites qui le recouvrent. L'instrumentation tout entière est refroidie à une température proche du zéro absolu. De préférence, on l'envoie en orbite au-dessus de la Terre. La tiédeur de l'atmosphère terrestre crée un bruit parasite redoutable.

Le rayonnement fossile

En 1965, deux astronomes américains, Arno Penzias et Richard Wilson, observent une mystérieuse « lueur millimétrique » provenant de toutes les directions du ciel. Elle correspond tout à fait aux attentes de Gamow. Des mesures ultérieures justifient encore davantage cette identification. On a enfin trouvé ce reliquat du flash primordial. On a détecté le « rayonnement fossile » que les observations de Hubble, combinées à la cosmologie d'Einstein, de Lemaître et de Friedman, imposent aux astronomes.

La communauté physicienne, auparavant peu à l'écoute des spéculations cosmologistes, réagit avec enthousiasme. L'univers du passé devient ce laboratoire idéal où des énergies extravagantes ont été atteintes, bien au-delà des rêves des ingénieurs les plus ambitieux.

Après les observations d'Edwin Hubble, cette détection de Penzias et de Wilson marque un deuxième temps fort de notre itinéraire cosmologique. Il est difficile d'en surestimer l'importance. Elle confirme superbement la thèse de l'univers dynamique, en expansion et refroidissement depuis plusieurs milliards d'années. Physiciens et astrophysiciens, en grande majorité, la considèrent désormais comme inévitable.

Rappelons le raisonnement de Gamow. *Si* l'image d'un univers en refroidissement, suggérée par le mouvement des galaxies, est juste, et *si* la remontée dans le passé jusqu'à l'ère ardente est justifiée, alors il *doit* exister dans l'univers d'aujourd'hui une trace de cette époque sous la forme d'un rayonnement millimétrique.

Prédiction en 1948 ; détection en 1965... Voilà un bel exemple de ces prédictions réussies, élaborées sur un ensemble d'observations et de théories. Elles donnent toute leur force à la démarche scientifique.

Image du monde antique

Le rayonnement fossile nous révèle l'état de l'antique matière cosmique. Démesurément dense et chaude, elle se présente

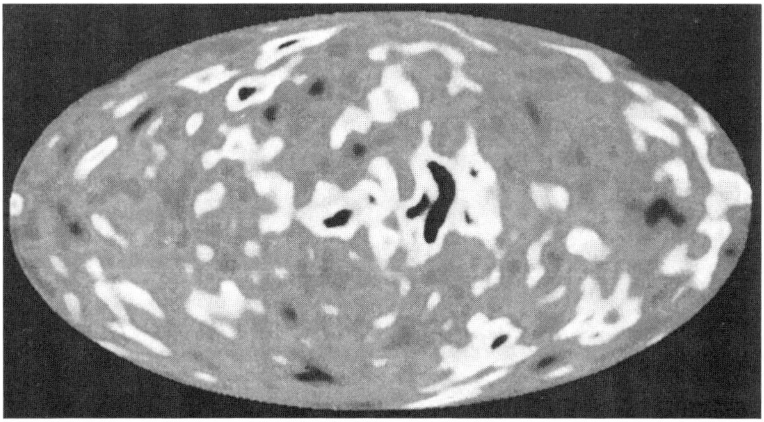

Figure 6 C. Le rayonnement fossile vu par COBE. L'ellipse présente l'image de la voûte céleste étalée sur un plan. Les données du satellite COBE y sont inscrites (soustraites de la variation de température engendrée par le mouvement de la Terre). Les variations résiduelles, de l'ordre du cent millième, ont servi à montrer la « granularité » de la matière cosmique au moment de l'émission du rayonnement fossile. (Document NASA.)

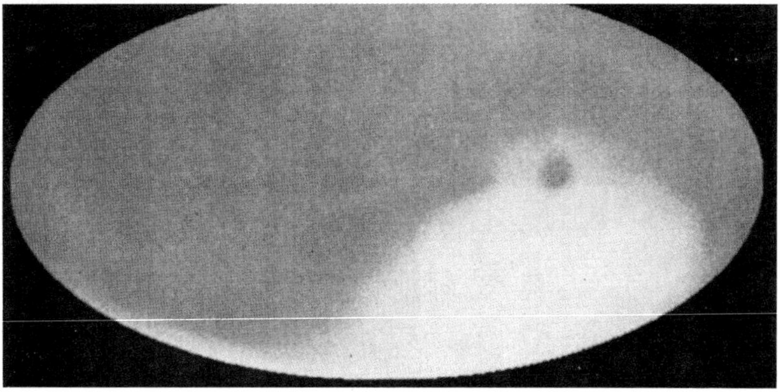

Figure 6 F. Le mouvement de la Terre dans le cosmos. Les images (non corrigées) de la voûte céleste vue par COBE. Les variations d'intensité correspondent à des variations de température du rayonnement fossile dans différentes régions du ciel.
La zone plus éclairée, en bas et à droite de l'image, est plus chaude que la moyenne d'environ un millième de degré. C'est le mouvement de la Terre par rapport au rayonnement fossile qui provoque cette différence. On mesure sa vitesse à 620 km/s dans la direction des constellations de l'Hydre et du Centaure. (Document NASA.)

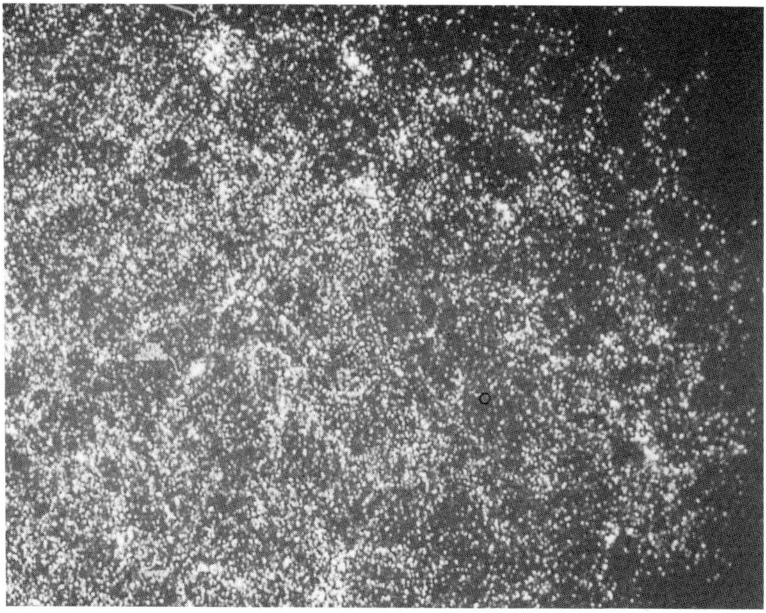

Figure 9 A. Répartition des galaxies dans l'espace. Chacun des petits points blancs sur cette image représente une galaxie. L'image en contient plus d'un million…
Certaines régions sont plus peuplées que d'autres. Certains alignements ou filaments de galaxies se laissent percevoir. Les distributions ne sont manifestement pas « au hasard ». La tâche du cosmologiste est de comprendre pourquoi il en est ainsi. Il tente de reproduire par le calcul des distributions analogues. (M. Sedner, B. Biebers, E. G. Groth, P. J. E. Peebles.)

Figure 10 B. La sphère de causalité dans le système solaire. Un éclair à la surface du Soleil ne peut pas être perçu de la Terre avant huit minutes et de Jupiter avant quarante minutes. Le rayon de la sphère augmente avec la vitesse de la lumière.

comme un fluide sans structure. L'image du chaos initial des mythologies d'origine s'y retrouve mais avec une différence importante. Au lieu de la froide obscurité, c'est l'incandescence fulgurante qui règne alors sur le monde, dont il ne reste aujourd'hui qu'une pâle rumeur refroidie par quinze milliards d'années d'expansion.

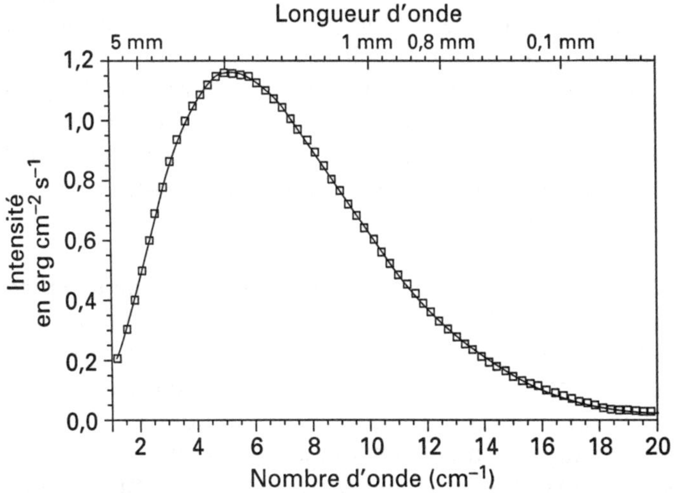

Figure 6 A. Le spectre du rayonnement fossile. Cette figure présente un ensemble de mesures du rayonnement fossile effectuées par le satellite COBE. La verticale donne l'intensité du rayonnement en fonction de la longueur d'onde inscrite horizontalement. Chaque petit carré représente une mesure indépendante. La surface du carré donne la précision de la mesure : plus le carré est petit plus la mesure est précise.

Le trait plein montre la position attendue des mesures si le rayonnement a été émis par une substance isotherme (distribution de Planck), tel que prévu par la théorie du Big Bang. Le fait que tous les carrés tombent pile sur la courbe est une des preuves les plus solides en faveur du Big Bang.

Ces mesures datent de deux ans (1992). Depuis, le satellite a accru considérablement la précision de ses mesures. Les carrés se sont réduits au point d'être confondus dans l'épaisseur du trait plein...

Les corps chauds, rappelons-le, irradient. On appelle « lumière thermique » le rayonnement qui s'en dégage. Celle-ci porte une signature spécifique. On l'identifie en la décomposant, comme on analyse la lumière du Soleil au travers d'un prisme ou d'un nuage de pluie. Son « arc-en-ciel » nous permet de la reconnaître à coup sûr.

En cour de justice, le procureur demande que les « pièces à conviction » soient présentées. Voici les documents qui font preuves. La figure 6 A (page précédente) présente le spectre observé du rayonnement fossile.

Sa forme spécifique signe son origine thermique. Sa position sur l'échelle des fréquences nous permet d'en déterminer la température : très précisément 2,736 degrés absolus (2,736 K, communément arrondi à 3 K). Gamow, en 1948, l'avait estimé à 6 K (voir note 20, chapitre 8R).

La figure 6 B intitulée « arc-en-ciel cosmique » replace le rayonnement fossile dans l'ensemble des ondes lumineuses du ciel. De gauche à droite, on passe des ondes radio, aux millimétriques, à l'infrarouge, au visible, à l'ultraviolet, aux rayons X et aux rayons gamma. La hauteur de la courbe indique l'intensité du rayonnement dans chaque secteur. La bosse dite « optique » rassemble la lumière de toutes les étoiles ordinaires. L'infrarouge provient des nuages de poussières éparpillées dans l'espace ainsi que des embryons d'étoile. Les rayons X et les rayons gamma émergent des événements les plus violents du cosmos : avalanches de matière, explosions de supernovae, de quasars. Pratiquement tous les astres (galaxies, étoiles, planètes) émettent des ondes radio.

Au-dessus de ces contributions, trône la bosse du rayonnement fossile dans le domaine millimétrique. Quand Gamow (1948) énonce sa prédiction mémorable, cette région du spectre des longueurs d'ondes échappe encore à l'observation. En 1965, Penzias et Wilson explorent ce domaine, y trouvent la bosse là où Gamow l'avait prévu, et toute la cosmologie en est transformée.

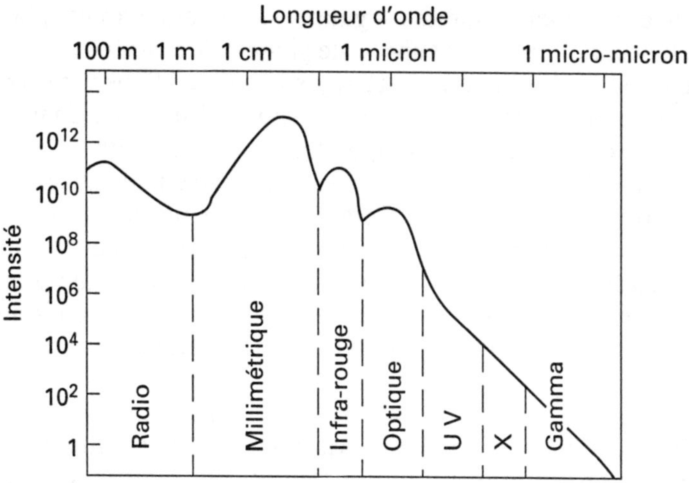

Figure 6 B. L'« arc-en-ciel cosmique ». L'intensité lumineuse émise par le fond du ciel, sur toutes les longueurs d'ondes. En ordonnée, l'échelle s'étale sur douze ordres de grandeur ; il y a un facteur cent entre chaque trait. L'existence de la « bosse » du rayonnement fossile dans le domaine millimétrique a été prédite par Gamow (1948). Sa détection en 1965 est un des hauts moments de la cosmologie contemporaine.

Le message du spectre

La température de 3 K (soit –270 degrés Celsius) est celle du rayonnement observé aujourd'hui, dans notre univers refroidi par des milliards d'années d'expansion cosmique. Mais quelle est l'origine de ce rayonnement et quelle était sa température au moment où il a été émis ?

Le message porté par la forme du spectre va nous servir de guide. Il s'agit d'un rayonnement émis par un corps chaud à température homogène. Ce corps isotherme est dispersé à l'échelle du cosmos ; le rayonnement provient uniformément de toutes les directions.

Rien dans notre univers d'aujourd'hui ne peut en être la source.

Les corps contemporains – galaxies, quasars, étoiles, planètes, nébuleuses – présentent une vaste gamme de températures. Aucun ne possède l'isothermie de ce rayonnement. Allons vers le passé.

Tournons à rebours du temps le film de l'univers. En parallèle avec la croissance de la température et de la densité, on verra les astres se défaire, se disperser dans l'espace en une nuée ardente, homogène et isotherme. Cette substance incandescente est la source du rayonnement fossile. On montre, calculs à l'appui, qu'il a été émis quand l'univers était à environ trois mille degrés K, il y a quinze milliards d'années. A l'horloge conventionnelle, l'univers avait alors près d'un million d'années.

L'univers contemporain est largement composé d'atomes d'hydrogène (près de 90 %). Au-dessus de trois mille degrés K, l'agitation thermique dissocie (ionise) ces atomes. La matière prend alors la forme d'un plasma électrique, composé de protons (le noyau de l'atome d'hydrogène) et d'électrons libres. Cette substance est opaque à la lumière.

Plus tard, quand la température descend au-dessous de trois mille degrés K, les électrons se fixent aux protons. L'univers se transforme en un gaz d'hydrogène, transparent à la lumière. Le rayonnement fossile est alors émis. Il commence son long périple de milliards d'années-lumière.

Un fossile porte la mémoire du passé. La température de ce rayonnement a diminué de trois mille à trois degrés mais la forme thermique du spectre est restée inscrite dans ce flux de rayonnement qui voyage depuis le Big Bang[13].

Partout la même température

Face à un document d'une telle importance, les astrophysiciens ne sont pas restés inactifs. De nombreux projets ont été élaborés pour décortiquer le message lumineux qui nous vient des premiers temps du cosmos. Deux directions de recherches s'imposent : affiner la connaissance du spectre et comparer différentes régions du ciel.

Les premières données de Penzias et de Wilson montraient déjà une propriété remarquable : le rayonnement est le même dans toutes les directions. Cette « isotropie » du flux de photons porte déjà un précieux renseignement. Elle suggère une source non pas locale (le Soleil, le centre de la Galaxie) mais universelle ; un phénomène lié à l'ensemble du cosmos.

La sensibilité des instruments de l'époque était assez réduite. Elle suffisait quand même à montrer que, sur l'ensemble de la voûte céleste, les variations de la température du rayonnement sont inférieures à 1 %. Des détecteurs plus sensibles permirent, ensuite, de réduire cette limite à un pour mille et plus tard à un pour dix mille. Le rayonnement fossile apparaissait extrêmement isotherme à l'échelle du cosmos.

La granularité du ciel

Cette isothermie apportait une bonne nouvelle et une moins bonne.

La bonne nouvelle : un point de plus en faveur du Big Bang ; il s'agit bien d'un rayonnement émis par la matière cosmique des premiers temps.

La moins bonne nouvelle se situe au niveau d'un problème épineux : l'origine des galaxies. La texture de notre univers contemporain est hautement granulaire. La densité moyenne des galaxies est au moins un million de fois plus élevée que celle de l'espace qui les sépare. Comment expliquer le passage de l'antique état homogène à l'inhomogénéité contemporaine. Quel est le mécanisme de la germination des galaxies dans la purée primordiale ? Comment ces « grumeaux » se sont-ils accumulés dans la matière primitive ? A quel moment ces masses embryonnaires ont-elles commencé à se démarquer ? Comment évoluent-elles jusqu'à la splendeur des spirales contemporaines ?

La physique nous propose une réponse : l'effet de la force de gravité sur la purée initiale. Un grumeau primordial exerce sur son entourage une force d'attraction. Obéissant à son appel, la matière avoisinante s'en approche et s'y joint, augmentant sa masse et sa gravité. Le phénomène s'amplifie de lui-même. Il fait « boule de neige ». Ainsi seraient nées les galaxies du ciel.

Notons d'abord que si la purée est parfaitement homogène rien ne se déclenche. Comme l'âne de Buridan, chaque particule, attirée de façon égale par toutes celles qui l'entourent, reste immobile. Mais que, pour une raison quelconque, la matière dans un volume donné voie sa densité devenir légèrement supérieure au milieu ambiant, alors tout change, et c'est parti... Il faut, au départ, des germes de galaxies.

La présence de ces structures embryonnaires devrait se manifester très tôt dans l'évolution du cosmos. Le rayonnement fossile devrait en révéler des traces. D'où l'embarras provoqué par son extraordinaire isotropie. C'est la moins bonne nouvelle apportée par les observations du rayonnement fossile.

Dans l'espoir de résoudre ce problème un satellite américain du nom de COBE (Cosmic Background Explorer) est lancé en 1988. Les premiers résultats, publiés en 1990, confirment, avec une précision époustouflante, sa nature thermique (voir figure 6 A, p. 121).

En mars 1992, l'équipe scientifique de COBE annonce la découverte tant attendue de la granularité du rayonnement fossile (voir la figure 6 C dans le hors-texte). Des variations de température sont enfin détectées, au niveau d'une partie pour cent mille. Les germes des grandes structures du cosmos sont bien là. Heureusement ! Un fluide plus homogène aurait posé de sérieux problèmes aux astrophysiciens.

Il est temps de faire une halte pour mesurer le chemin parcouru. Il est inscrit dans notre second relevé de terrain. Nous reprenons la question qui sert de trame à notre itinéraire : jusqu'à quelle température le cosmos a-t-il été porté dans le passé ?

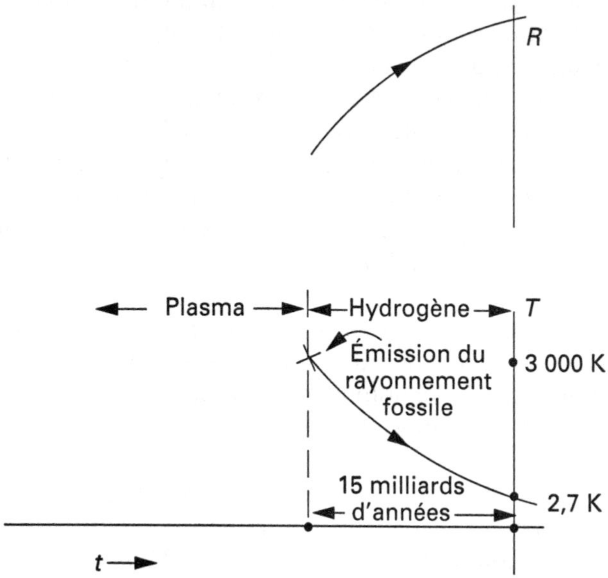

Figure 6 D. Relevé de terrain n° 2. Les mesures de Penzias et de Wilson nous ont montré l'existence du rayonnement fossile. Le satellite COBE a mesuré avec précision les propriétés de ce rayonnement. Il nous donne la température de l'univers aujourd'hui : 2,736 K. Pour expliquer l'existence de ce rayonnement et ses propriétés, il faut supposer que l'univers a atteint dans le passé une température supérieure à trois mille degrés. Il a été émis à une époque où les galaxies et les étoiles n'existaient pas encore. A ce moment, les électrons et les protons du plasma cosmique se sont combinés pour former les premiers atomes d'hydrogène. Cette époque se situe environ quinze milliards d'années avant le moment présent.
Nous portons ces résultats sur notre second bilan d'exploration. On y a tracé l'évolution de la température *T* du rayonnement fossile ainsi que la distance moyenne *R* entre deux particules quelconques de l'espace. Ces particules étaient alors mille fois plus rapprochées qu'aujourd'hui et la densité de la matière un milliard de fois plus élevée.

Notre réponse : si l'on admet que cette température a dépassé trois mille degrés K, on peut rendre compte de l'émission d'un rayonnement thermique hautement isotrope.

Ainsi, une hypothèse simple sur la température cosmique nous permet d'expliquer cette observation fondamentale. La « rentabilité » est une composante importante de la démarche scientifique.

Sur 1 000 photons qui parcourent le ciel aujourd'hui, 999 voyagent depuis le Big Bang, soit environ 411 photons par centimètre cube de l'espace. Ils sont uniformément répartis dans tout le volume de l'univers. L'espace n'est pas vide. Il fourmille de grains de lumière !

L'énergie de ces photons primordiaux, fortement dégradée par l'expansion, est aujourd'hui très faible : un millième d'électronvolt environ. Les photons jaunes émis par le Soleil sont, en moyenne, mille fois plus énergétiques.

Comparons la densité d'énergie du rayonnement fossile à celle de la matière des galaxies. L'univers contient environ trois milliards de photons pour chaque nucléon. Mais leur énergie est très faible. La matière des galaxies représente aujourd'hui environ dix mille fois plus d'énergie que le rayonnement fossile[14]. La densité d'énergie du rayonnement correspond donc à une très faible fraction de la densité d'énergie de l'univers. L'univers est dominé par la matière… Nous sommes dans une « ère matérielle ».

La théorie du Big Bang nous dit qu'il n'en a pas toujours été ainsi ! Avec le temps et l'expansion de l'espace, les densités décroissent. La densité du rayonnement diminue *plus vite* que la densité de la matière. Aux premiers temps, l'énergie lumineuse dominait le cosmos. Cette « ère radiative » a duré un peu moins d'un million d'années. Elle s'est terminée peu avant l'émission du rayonnement fossile. La température était alors d'environ trente mille degrés K. La valeur précise dépend de la densité de matière actuelle (comprise, on l'a vu, entre un dixième et trois fois la densité critique).

La frange de la transparence et de l'opacité

La figure 6 E (page suivante) prolonge la figure 5 I (p. 85). Elle nous prépare à la poursuite de notre voyage. L'observateur, placé au milieu du dessin, voit fuir les galaxies dans toutes les directions. Plus on s'éloigne du centre, plus la température cosmique s'élève. A partir de trois mille degrés K, l'hydrogène s'ionise. La matière du cosmos prend la forme d'un plasma électrique de protons et d'électrons. Elle est opaque à la lumière.

Les photons du rayonnement fossile détectés aujourd'hui ont été émis par des particules situées à la frange de l'opacité et de la transparence. Traversant (par la pensée...) cette frontière, on pénétrerait dans des régions plus chaudes, plus denses, et plus lumineuses encore. Mais, de là, aucun photon ne peut nous parvenir...

Une comparaison nous aidera. Du Soleil, nous voyons la surface mais pas l'intérieur, où, pourtant, la matière est formidablement lumineuse. Les photons de grande énergie (rayons gamma), émis par les réactions nucléaires, sont absorbés par l'opaque matière du cœur solaire. Heureusement ! Sinon la vie ne serait jamais apparue sur la Terre. Les atomes de la matière solaire absorbent les rayons gamma et les réémettent maintes fois, les dégradant en énergie et les transformant en ces rayons dorés que nous affectionnons. La surface solaire, tout comme la frange entre l'opacité et la transparence cosmique, sont les lieux d'où les photons nous parviennent indemnes, sans risque d'absorption.

Le Soleil ne nous envoie pas que des photons. Quatre observatoires terrestres détectent et mesurent des flux de *neutrinos* en provenance de notre astre. Ces particules aux propriétés étranges accompagnent les réactions nucléaires du cœur solaire. Électriquement neutres, ils interagissent très faiblement avec la

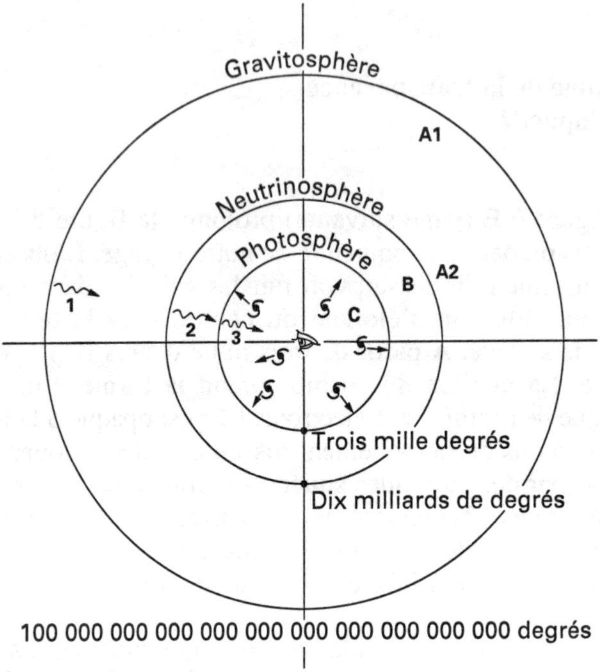

Émissions de rayonnements fossiles
1. de gravitons
2. de neutrinos
3. de photons

A1. Plasma de quarks, gluons, électrons et neutrinos
A2. Plasma de neutrons, protons, électrons et neutrinos
B. Plasma d'électrons et de protons
C. Hydrogène

Figure 6 E. Radioscopie du cosmos. En nous éloignant dans l'espace, nous reculons dans le passé vers une matière de plus en plus chaude. Vers trois mille degrés, nous rencontrons d'abord la « photosphère cosmique ». C'est le lieu où le rayonnement observé par le satellite COBE a été émis il y a quinze milliards d'années.
Au-delà de cette sphère, l'univers est opaque aux photons, tout comme la matière solaire. Et tout comme cette dernière, il est transparent aux neutrinos. Ces particules pourraient nous permettre d'ausculter la matière

matière. La substance solaire et celle de la Terre leur sont presque parfaitement transparentes. Ils nous arrivent, jour et nuit, à la vitesse de la lumière. Le Soleil neutrinique ne se couche jamais...

Tel n'est pas le cas, cependant, pour toutes les étoiles. Les corps célestes très denses, comme les étoiles à neutrons, sont opaques aux neutrinos. Leurs couches internes les interceptent, de même que le sol terrestre arrête les photons.

Les photons nous permettent d'étudier la surface solaire, tandis que les neutrinos nous donnent accès à son noyau central. Leur pouvoir de pénétration nous suggère une idée : les utiliser pour sonder le passé de l'univers ! Les photons du rayonnement fossile limitent notre exploration à trois mille degrés K mais les neutrinos cosmiques pourraient, en principe, nous permettre de reculer jusqu'à dix milliards de degrés. Nous reprendrons ce thème au chapitre 8.

Un précurseur : Andrew McKellar

En 1952, étudiant à l'université de Montréal, j'ai passé quelques mois à l'observatoire d'astrophysique de Victoria, en Colombie-Britannique. Mon directeur de stage, Andrew McKellar, nous entretenait d'une curieuse observation effectuée par lui en 1941. Dans le spectre lumineux d'un grand nuage moléculaire, près de l'étoile Zêta Ophiucus, il avait identifié la présence de

cosmique jusqu'à dix milliards de degrés (chapitre 8). Cette limite définit la neutrinosphère cosmique. Selon la théorie du Big Bang, un intense rayonnement fossile de neutrinos a été émis quand l'univers avait environ cette température. Contrairement aux neutrinos solaires, ces particules échappent encore à toute technique de détection.

Au-delà de cette température, l'univers est opaque aux neutrinos. Mais il est transparent à une autre sorte de particules : les gravitons. Émis dans des conditions de forts champs gravitationnels, les flux de gravitons pourraient nous renseigner sur les tout premiers instants de l'univers. Les détections pourraient intervenir dans la prochaine décennie.

cyanogène (une molécule composée d'un atome de carbone et d'un atome d'azote). Les rayonnements émis par ces molécules montraient qu'elles baignaient dans un rayonnement de photons à trois degrés ! « Je ne comprends pas », disait-il, sans deviner que vingt-quatre ans avant Penzias et Wilson, et sept ans avant Gamow, il avait découvert l'existence du rayonnement fossile.

En 1955, Émile Le Roux, astronome français, mesure la température du ciel avec des équipements radars allemands. Il obtient une moyenne de 3 K. Faute d'apprécier correctement la valeur de cette découverte, il laisse son travail inachevé.

Le mouvement de la Terre dans l'univers

Imaginons que nous sommes en train d'observer le rayonnement fossile à bord d'une fusée rapide, voyageant presque à la vitesse de la lumière. L'isothermie a disparu ! Devant nous, le ciel est chaud ; derrière, il est froid.

Que se passe-t-il ? Notre mouvement vers les particules qui ont émis ce rayonnement provoque un accroissement considérable de l'énergie des photons. C'est l'effet Doppler, bien connu des gendarmes. Il nous donne la mesure de notre vitesse.

Pour simplifier l'exposé, j'ai omis jusqu'ici un point important : le rayonnement fossile présente une dissymétrie analogue. Il est un peu plus chaud dans une certaine direction, un peu plus froid dans la direction opposée. La différence est de 3,4 millièmes de degré K (voir la figure 6 F dans le hors-texte). On peut ainsi mesurer la vitesse de la Terre dans le ciel. Nous nous déplaçons à 620 kilomètres par seconde dans la direction des constellations de l'Hydre et du Centaure.

Que notre Terre soit en mouvement dans l'espace n'est pas une grande découverte. Nous savons depuis longtemps qu'elle tourne autour du Soleil (figure 6 G) et que celui-ci accomplit une lente révolution autour du centre de la Voie lactée. Ces

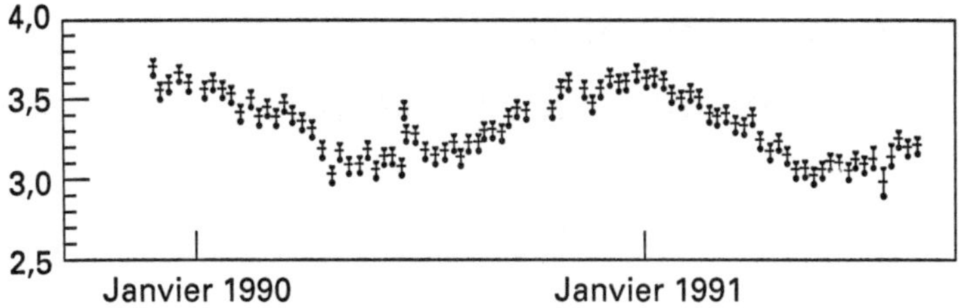

Figure 6 G. La Terre tourne autour du Soleil. La température du rayonnement fossile montre une légère variation saisonnière. En ordonnée : la variation de la température autour de la valeur moyenne en millièmes de degré K. Le mouvement de la Terre autour du Soleil (30 km/s) a changé de direction entre les deux saisons. Galilée avait raison : la Terre tourne autour du Soleil…

mouvements se combinent à celui de notre galaxie dans l'amas de la Vierge et à celui de cet amas dans l'univers, pour composer ce mouvement global que l'asymétrie thermique du rayonnement fossile nous révèle.

Est-ce à dire que nous avons mesuré le mouvement « absolu » de la Terre ? Galilée et Einstein nous l'ont appris : il n'y a pas de mouvement absolu. On se déplace par rapport à un repère que, par convention, on suppose immobile. Le repère, ici, c'est l'ensemble des particules émettrices du rayonnement fossile. La Terre se déplace à 620 km/s *par rapport* à ces particules.

6R. Les propriétés du rayonnement fossile

[piste rouge : ⚠]

Le rayonnement millimétrique détecté par Penzias et par Wilson, et remesuré récemment par le satellite COBE, possède deux propriétés remarquables. Il est extrêmement isotrope (à une partie pour cent mille) et sa distribution est extrêmement voisine de la distribution de Planck. Ces propriétés sont exactement celles qu'on attend d'un rayonnement émis par un corps chaud réparti uniformément dans l'univers.

La population relative des photons de fréquence ν, d'énergie $h\nu$ dans un rayonnement thermique de température T, par unité de volume, est donnée par la formule de Planck :

(1) $$dN_\nu \propto (8\,\pi\,\nu^2 d\nu/c^3)\{\exp\,(h\nu/kT) - 1\}^{-1.}$$

Le trait plein de la figure 6 A (p. 121) correspond à cette forme spectrale pour une température de $T = 2{,}736$ K.

Le nombre de photons et la densité d'énergie par unité de volume sont donnés par les intégrales appropriées sur toutes les fréquences. On trouve :

$$N(T) \approx 20\,(T/\mathrm{K})^3 \text{ et } \rho(T) = 8{,}0 \times 10^{-36}\,(T/\mathrm{K})^4 \text{ g cm}^{-3}.$$

A $T = 2{,}736$ K, on obtient 411 photons par cm^{-3} et une densité de $4{,}18 \times 10^{-13}$ erg cm^{-3} soit $4{,}5 \times 10^{-34}$ g cm^{-3}. L'intensité lumineuse mesurée par le satellite COBE correspond bien à cette densité.

Isotropie

Calculons le libre parcours moyen d'un photon du rayonnement fossile dans l'univers d'aujourd'hui. La section efficace de diffusion élastique sur les électrons libres ($e + \gamma \rightarrow e + \gamma$) est donnée par :

$$\sigma_{\text{Thompson}} = 6{,}6 \times 10^{-25}\ \text{cm}^2.$$

Supposant que tous les électrons sont dispersés et libres, on trouve :

$$\lambda = 1/\sigma n(\text{e}) \approx 10^{13}\ \text{al}$$

soit mille fois le rayon de l'univers observable. En fait, ce calcul sous-estime la valeur réelle de λ; la grande majorité des électrons sont liés dans les atomes et les molécules, ou intégrés dans des astres opaques.

L'univers contemporain est transparent aux photons du rayonnement fossile. En d'autres termes, les temps de réaction entre ces photons et les électrons sont aujourd'hui beaucoup plus longs que l'âge de l'univers. Tel ne fut pas le cas dans le passé. Pour retrouver des conditions physiques dans lesquelles cette interaction est suffisamment rapide pour engendrer ce rayonnement, il nous faut aller vers de plus hautes températures et densités.

Il faut distinguer deux types d'interactions : celles qui changent la direction des photons (diffusion élastique) et celles qui changent aussi leur distribution en énergie (diffusion inélastique). Les premières assurent l'isotropie du rayonnement, les secondes sont nécessaires pour expliquer son spectre thermique.

Au-dessus de 3 000 K, les atomes d'hydrogène sont dispersés et ionisés. Le libre parcours moyen par rapport à la diffusion élastique est considérablement réduit. A $z = 10^3$, il est de 10^2 al tandis que l'horizon est de 10^6 al. L'univers est alors opaque au rayonnement. L'isotropie du rayonnement fossile nous assure que l'univers a atteint au moins cette température dans le passé.

Isothermie

Cette température, pourtant, n'est pas suffisante pour thermaliser le rayonnement fossile, c'est-à-dire engendrer un spectre de Planck à partir d'une distribution quelconque d'amplitudes lumineuses à différentes fréquences. Déterminons la température minimale requise :

Les réactions les plus efficaces pour modifier le spectre d'amplitude énergétique des photons sont de type « free-free ». Au voisinage d'un proton, un électron passe d'un état libre à un autre état libre, d'énergie différente, en émettant ou en absorbant un photon. La probabilité de cette réaction[15] est proportionnelle au produit des densités d'électrons et de protons, multipliée par une section efficace proportionnelle à $(kT/h\nu)^3$.

Le libre parcours moyen d'un photon par rapport à cette réaction est : $\lambda_{ff} \propto T^{3,5}/\rho^2$.

En tenant compte de ce facteur, on arrive à la conclusion suivante : l'observation du rayonnement fossile thermique nous prouve que l'univers a atteint, dans le passé, une température supérieure à $T = 3 \times 10^6$ K et peut-être aussi élevée que 3×10^8 K.

L'expansion conserve la distribution thermique

Le spectre thermique, réalisé à température élevée, est maintenu par l'interaction avec les électrons jusqu'à l'apparition de l'hydrogène à 3×10^3 K. Pendant cette période, la matière et le rayonnement sont à la même température.

Après le découplage électromagnétique, le rayonnement fossile n'est plus affecté par la matière. Les longueurs d'ondes des photons « s'étirent » avec l'espace, et les photons perdent de l'énergie, inversement avec le facteur d'échelle. Nous allons montrer que la forme de la distribution des amplitudes n'est pas modifiée par l'expansion.

Entre les temps t_1 et t_2 le photon passe de l'énergie $E_1 = h\nu_1$ à $E_2 = h\nu_2 = h\nu_1(R_1/R_2)$. Le nombre de photons dans un covolume reste le même. Le nombre de photons par unité de volume décroît donc comme $(R_1/R_2)^3$. En injectant ces expressions dans l'équation (1), on voit que l'expansion garde intacte la forme de la distribution de Planck mais affecte la température : $T_2 = T_1(R_1/R_2)$. On retrouve la relation $T \propto 1/R$ entre le facteur d'échelle et la température du rayonnement fossile.

Un observateur immobile par rapport à la métrique verrait un rayonnement isotherme dans toutes les directions (isotropie). Un observateur en mouvement verrait le rayonnement bleui vers l'avant et rougi vers l'arrière. La température devrait varier avec le cosinus de l'angle du mouvement. Cette variation dipolaire a été bien observée : elle correspond à un maximum de 3,4 milli-Kelvin. Elle permet d'évaluer la vitesse de la Terre par rapport à un référentiel dans lequel le rayonnement est homogène et isotrope. La vitesse mesurée, 620 km/s, dans la direction des constellations de l'Hydre et du Centaure, s'explique en partie par le mouvement de la Terre autour du Soleil, du Soleil dans la galaxie et de la galaxie dans l'amas de la Vierge. Une composante supplémentaire existe dont on arrive mal à déterminer la source.

Thermodynamique et transition hydrogène-plasma

L'énergie de liaison de l'atome d'hydrogène est de 13,6 eV, correspondant à une température de $1{,}5 \times 10^5$ K. Une question est souvent posée : pourquoi l'hydrogène ne se forme-t-il qu'à une température quarante fois plus faible ? Ce problème offre un bel exemple du rôle de l'entropie en astrophysique.

La réaction d'équilibre s'écrit :

$$p + e^- \longleftrightarrow H + \gamma.$$

Les électrons peuvent exister dans deux états différents : libres ou liés en atomes d'hydrogène. Dans un volume d'espace donné, contenant une énergie totale fixe, on calcule l'état d'ionisation (état macroscopique) qui correspond au plus grand nombre Ω (max) d'états microscopiques du système. Son logarithme donne l'entropie.

Deux facteurs contribuent au nombre d'états dans l'espace de phase. Le premier facteur est d'ordre *démographique* : le nombre d'états croît avec le nombre de particules. Ici le plasma est favorisé : il y a des électrons et des protons libres. Dans la phase atomique, le nombre de particules est deux fois plus faible.

Pendant la phase plasma, on peut considérer les électrons et les protons comme des particules libres. Leurs fonctions de partition sont données par $Z_i = V/\lambda^3_{th(i)}$ où $\lambda_{th(i)}$ est la longueur d'onde de De Broglie thermique des particules de masse i :

$$\lambda_{th(i)} = h/mv_i(\text{thermique}) = (2\pi m_i kT)^{1/2}.$$

Si tous les atomes sont ionisés, l'entropie du plasma est donnée par :

$$(8) \qquad Z(\text{plasma}) = Z_e \times Z_p = (V/(\lambda^3_{th(e)})(V/(\lambda^3_{th(p)}).$$

Le second facteur est d'ordre *énergétique*. La formation de l'hydrogène dégage de l'énergie de liaison qui augmente l'énergie totale du système, et en conséquence augmente l'entropie. Si tous les électrons sont liés en atome, l'entropie du système est donnée par :

$$Z\,(\text{hydrogène}) = (V/\lambda^3_{th(p)})\,\exp\,(B/kT)$$

où B est l'énergie de liaison de l'hydrogène.

A basse température, le terme $\exp(B/kT)$ devient plus grand que le terme $V/\lambda^3_{\text{th(e)}}$. En d'autres termes, l'accroissement d'entropie dû au dégagement de l'énergie de liaison compense la perte d'entropie due à la diminution du nombre de particules. C'est cette compétition entre le facteur démographique et le facteur énergétique qui détermine la température de la transition plasma-électron.

A une température et une densité données, on peut calculer la fraction ionisée $x = n(\text{e libre})/n(\text{nucléons})$ qui maximise l'entropie totale :

(10) $$x/(1-x) = (2\pi m_e kT)^{3/2} \exp(-B/kT)/[n\,(\text{nucléons})\,h^3].$$

Dans la table, on trouvera des valeurs numériques correspondant à un univers de $\Omega = 0{,}1$ et $H_0 = 100$ km/s/mégaparsec :

T	x
2 700	0,00011
2 970	0,0124
3 240	0,303
3 780	0,954
4 860	1,000

L'étude du rayonnement fossile

L'observation du rayonnement fossile nous propose une double série de mesures : *1)* l'intensité du rayonnement dans toutes les directions sur la sphère céleste ; *2)* l'amplitude en fonction de la longueur d'onde.

Cet ensemble de données peut se traduire en informations sur le problème de la formation des galaxies à partir de fluctuations primordiales. Il peut aussi nous renseigner sur la structure à grande échelle de notre univers. De cette dernière étude, on peut espérer obtenir des données sur la densité cosmique et, partant, sur la destinée du cosmos (ouvert ou fermé ?).

En utilisant les expressions qui relient le facteur d'échelle au décalage spectral z, on peut calculer l'angle que sous-tend aujourd'hui dans le ciel un volume donné de matière à $z = 1\,000$. Par l'évolution de la densité, on peut calculer la masse contenue dans ce volume. Une quantité de matière suffisante pour former plus tard une galaxie ($10^{11} M_0$) occupait à cette époque un covolume qui aurait découpé un angle de 30 Ω secondes (entre 3 et 30 secondes si $\Omega = 0{,}1$ ou 1). Un amas de galaxies aurait occupé 5 Ω minutes (entre 0,5 et 5 minutes). Des fluctuations à cette échelle nous renseigneraient sur le mode de formation des galaxies et des amas.

L'horizon au moment du découplage trace un angle de 2 $\Omega^{1/2}$ degrés dans notre sphère céleste (entre 0,6 et 2 degrés). Des mesures récentes ont montré des inhomogénéités à l'échelle de cette dimension.

Au-delà de cet angle, les fluctuations primordiales n'auront pas été effacées par le découplage. La détection par le satellite COBE de plages inhomogènes de dimension angulaire supérieure à 10 degrés montre l'existence de domaines bien plus grands que l'horizon et pose un problème d'horizons sur lequel nous reviendrons plus tard.

7. Particules et forces dans l'univers

Le rayonnement fossile nous a permis d'explorer le passé du cosmos jusqu'à des températures de plusieurs milliers de degrés. Nous avons étudié le comportement des photons, des électrons et des protons au moment de la formation des premiers atomes d'hydrogène.

Quand, en 1915, Einstein formule la théorie de la relativité générale, une partie majeure de la physique d'aujourd'hui est encore inconnue. On ne connaît alors que deux forces : la gravité et l'électromagnétisme. La physique quantique n'a pas encore été formulée et on ignore l'existence d'un grand nombre de particules élémentaires. Les progrès de la physique, tout au long du XXe siècle, vont avoir un impact majeur sur la cosmologie.

Poursuivant notre voyage dans le passé à la recherche des fossiles cosmologiques, nous allons à présent rencontrer un ensemble d'éléments nouveaux dont il faudra impérativement tenir compte. Dans le territoire où nous nous engageons règne une faune de particules plus ou moins étranges. Il convient de faire connaissance. Nous apprendrons leur rôle dans l'économie du cosmos.

La matière qui nous est familière – nébuleuses, planètes, molécules, atomes – est constituée de protons, de neutrons et d'électrons. Protons et neutrons (globalement appelés nucléons) sont eux-mêmes composés de quarks.

Les quarks existent en six « saveurs » notées u, d, s, c, t, b. Le proton est fait de deux quarks de saveur u et d'un quark de

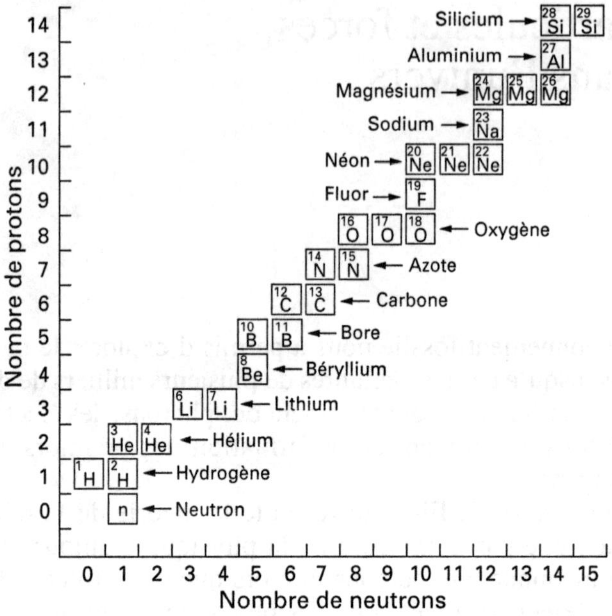

Figure 7 A. Le plan *N-Z* jusqu'au silicium. A l'horizontale de ce tableau, le nombre de neutrons dans un noyau, et, à la verticale, le nombre de protons. Chaque noyau stable (ainsi que le neutron) est mis sur la case qui lui correspond. En associant des protons et des neutrons, l'univers primitif engendre des noyaux d'hydrogène lourd (deutérium), d'hélium-3, d'hélium-4 ainsi que de lithium-7.

saveur d. Le neutron est constitué de deux quarks d et d'un quark u. Chaque quark possède également une autre propriété nommée « couleur ». Il y en a trois, dénotées conventionnellement « bleue », « verte » et « rouge ».

Les noyaux atomiques sont des agrégats de protons et de neutrons. Les atomes sont constitués d'un noyau autour duquel orbitent des électrons. A chaque atome correspond un « élément chimique ». Il y en a une centaine. Chacun porte un numéro qui spécifie le nombre de protons dans son noyau ainsi que le nombre d'électrons de son cortège orbital. Le numéro « un » est l'hydrogène, le numéro deux est l'hélium, le six est le carbone, le vingt-six est le fer, le quatre-vingt-deux est le plomb, etc.

Plusieurs de ces atomes apparaissent en variétés appelées « isotopes ». Les isotopes d'un élément chimique diffèrent par le nombre de neutrons du noyau. Nous parlerons beaucoup des isotopes de l'hydrogène : l'hydrogène ordinaire (un proton) et l'hydrogène lourd ou deutérium (un proton et un neutron). Avec ce dernier, on fabrique « l'eau lourde » des réacteurs atomiques. L'hélium possède deux isotopes. L'hélium-3 est composé de deux protons et d'un neutron. L'hélium-4, de deux protons et de deux neutrons. On dénombre au total près d'un millier d'isotopes stables dans la nature.

La figure 7 A nous en présente les plus légers. On a mis verticalement le nombre de protons, et horizontalement le nombre de neutrons. Les isotopes d'un même élément chimique sont étalés le long de l'horizontale.

Les neutrinos

Nous avons déjà rencontré les neutrinos. Sans masse (ou presque), ils sont émis en abondance par les étoiles. Leur vitesse est pratiquement celle de la lumière. Ils interagissent très faiblement avec la matière. Des centaines de milliards de neutrinos traversent notre corps à chaque seconde sans que nous n'en ressentions le moindre effet. Il a fallu attendre 1950 pour les détecter au laboratoire...

Électrons et neutrinos appartiennent à la famille des « leptons » (légers). Les quarks et les nucléons sont regroupés sous le nom de « baryons » ou « hadrons » (lourds).

Force (portée)	Particules d'échanges	Potentiel $V(r)$
Électro-magnétique infinie	Électron (e) Photon Électron (e)	10^{-13} cm r $\alpha \sim \frac{1}{137}$
Nucléaire 10^{-13} cm	Quark Gluon Quark	10^{-13} cm r $\alpha_s \sim 1$
Faible 10^{-16} cm	neutrino (υ) W Électron (e)	10^{-16} cm r $G_F\, M_p^2 \simeq 10^{-5}$
Gravité infinie	Masse Graviton Masse	10^{-13} cm r $G_N\, M_p^2 \simeq 10^{-40}$

Figure 7 B. Les propriétés des quatre forces. Ce tableau donne les différentes caractéristiques des forces de la nature. Les mots « portée infinie » dans la première colonne signifient que l'influence de la charge diminue avec le carré de la distance ; son effet sur une sphère ne varie pas avec le rayon de celle-ci. Les particules d'échange sont illustrées dans la deuxième colonne. La troisième colonne décrit la variation spatiale de chacune des forces entre deux protons. La quatrième donne une mesure des sections efficaces (probabilités) de certaines réactions en millibarns (1 mb = 10^{-27} cm^2). La dernière colonne mentionne quelques manifestations typiques de chacune de ces forces.

Section efficace de diffusion $1\,mb = 10^{-27}\,cm^2$	Manifestations
$\gamma + p \rightarrow \gamma + p$ 10^{-1}mb	Lumière, atomes, molécules Réactions chimiques
$n + p \rightarrow n + p$ 10 mb	Protons et neutrons Réactions nucléaires
$\nu + p \rightarrow \nu + p$ 10^{-11}mb	Désintégration des neutrons Diffusion des neutrinos
$g + p \rightarrow g + p$ 10^{-27}mb	Planètes Étoiles Galaxies Cosmologie

Les forces de la nature

La nature nous présente une immense variété de phénomènes différents. Pour en rendre compte, il faut faire appel à quatre types de force : la force de gravité, la force électromagnétique, la force nucléaire et la force faible.

Y en a-t-il d'autres ? Pour l'instant, rien ne nous l'indique. Des rumeurs ont circulé récemment au sujet d'une cinquième et même d'une sixième force. Elles n'ont pas résisté à l'analyse critique.

La portée des forces

Ces forces se distinguent de plusieurs façons. D'abord par leur portée. La force gravitationnelle et la force électromagnétique se font sentir à grande distance. La Lune sent l'attraction de la Terre (et *vice versa*) ; la galaxie d'Andromède est attirée par notre Voie lactée (et *vice versa*). Ainsi en est-il de la répulsion électrique entre deux protons. Ce sont des forces *à longue portée* (leur intensité décroît avec le carré de la distance).
La force nucléaire et la force faible, à l'inverse, sont des forces *de courte portée*. A toutes fins pratiques, elles n'entrent en action qu'au moment où les particules se rejoignent.

L'intensité des forces

Les forces se distinguent aussi par leur intensité. Plaçons deux protons à une (très faible) distance. Les quatre forces s'exercent sur eux mais avec des intensités très différentes. On peut les spécifier par un nombre. Pour la force nucléaire, ce nombre est voisin de l'unité. Pour la force électromagnétique, il est légèrement inférieur à 1 %. Sa valeur précise est de 1/137. La force faible a une intensité d'environ un cent millième, d'où son nom de « faible ». Pour la force de gravité, le nombre est d'environ 10^{-40}.

Les forces sont les agents de cohésion de la nature. Elles sont responsables de l'immense variété de structures qui existent dans l'univers.

A très grande échelle, c'est la gravité qui est à l'œuvre. Elle est le lien des galaxies et des étoiles. A plus petite échelle, la force électromagnétique soude les atomes et les molécules. A des dimensions encore plus restreintes, la force nucléaire change la couleur des quarks et, par là, colle les quarks en nucléons et les nucléons en noyaux.

La force faible n'est responsable d'aucune structure. Sa faiblesse et sa courte portée la rendent inapte à jouer un tel rôle. En fait, sa discrétion est telle qu'il a fallu attendre les années 30 pour la découvrir. Sur la liste des physiciens, c'est la dernière à faire son apparition.

Elle s'est manifestée d'abord comme l'agent de désintégration des neutrons en protons. Cette réaction joue un rôle capital dans la vie des étoiles. Elle contrôle la production des éléments lourds. Sa lenteur assure au Soleil sa longévité de dix milliards d'années. La jonction des expériences de laboratoire et des observations astronomiques donne quelquefois une portée cosmique vertigineuse à des phénomènes élémentaires.

La force faible change les électrons en neutrinos et *vice versa.* Elle change également la « saveur » des quarks : les quarks u en quarks d, etc. La désintégration d'un neutron (composé de deux quarks d et d'un quark u) en un proton (deux quarks u et un quark d) est le résultat de la transformation d'un quark d en un quark u.

Les forces de la nature ont encore une autre façon de se distinguer : chacune a sa brochette de particules sur lesquelles elle exerce son action. La gravité est la plus universelle : elle agit indistinctement sur toutes les variétés, en fait sur tout ce qui existe. La force faible touche les électrons, les neutrinos et les quarks. La force électromagnétique n'affecte que les quarks et les électrons, tandis que la force nucléaire restreint son action aux quarks.

Dans un chapitre ultérieur, nous apprendrons que les constantes de couplage des forces ne sont pas vraiment constantes. Elles dépendent de la température du milieu où s'exercent ces forces. Dans l'univers primordial, les forces se comportaient différemment.

Les trois familles

Les particules de la physique moderne se regroupent en trois grandes familles. Chacune comprend quatre membres : deux quarks et deux leptons. Un de ces leptons est un neutrino.

La première s'appelle la « famille électronique ». Ses membres composent la matière « ordinaire ». Les deux premiers sont les quarks u et d, les constituants des protons et des neutrons. Le troisième est l'électron de nos courants électriques. Le quatrième est le neutrino émis par nos réacteurs nucléaires. Nous l'appellerons le « neutrino électronique ».

Cette liste pourtant n'épuise pas le contenu de la nature. On a découvert beaucoup d'autres particules dites élémentaires. Ces particules peuvent également se regrouper en familles, analogues à la famille électronique. La famille muonique est composée des quarks c et s, du muon (un « gros » frère de l'électron, à peu près deux cents fois plus massif que lui), et d'un autre neutrino nommé « neutrino muonique ». La troisième famille, appelée tauique, comprend les quarks b et t, le tau (un frère encore plus massif de l'électron) et le « neutrino tauique ».

Les membres des deux dernières familles se forment très rarement dans la nature. On les fabrique artificiellement au laboratoire. Sauf pour les neutrinos, leur existence est très brève.

Cette comptabilité pose une question : nous connaissons trois familles, combien nous sont encore inconnues ? Jusqu'en 1980, les physiciens n'avaient pas de réponse. Dans le cadre du Big Bang, les astrophysiciens en avaient une. Si de nouvelles familles existent, leurs particules, par leur simple présence, ajouteraient de la matière à l'univers. Elles en augmenteraient la densité et, en conséquence, modifieraient la vitesse d'expansion du cosmos. Cette modification affecterait à son tour la quantité d'atomes engendrés aux premiers temps. Comme nous le verrons au prochain chapitre, l'abondance d'hélium dans le cosmos montre que la liste est complète ; il n'y a pas d'autres familles. Cette prédiction de la théorie a été magnifiquement confirmée par des expériences effectuées au CERN dans les années 80. Encore un point en faveur de la théorie du Big Bang !

Table des familles

électronique	*muonique*	*tauique*
électron-neutrino < 7 eV	muon-neutrino < 270 keV	tau-neutrino < 36 MeV
électron 0,511 MeV	muon 105,7 MeV	tau 1784 MeV
quark u 5 MeV	quark c 1 270 MeV	quark t > 174 GeV
quark d 8 MeV	quark s 175 MeV	quark b 4 250 MeV

Fermions et bosons

Les particules de la nature se classent encore en deux grands groupes : les fermions et les bosons.

Les membres des trois familles sont tous des fermions. Ils sont les « acteurs » sur lesquels les forces agissent et par lesquels le comportement de la matière se manifeste. Les bosons sont des particules qui transmettent les forces d'une particule actrice à l'autre. Ce sont les « médiateurs » des forces.

La force entre deux charges électriques (répulsion ou attraction) est transportée par un échange de photons dits « virtuels ». De même, la force nucléaire entre deux quarks fait intervenir un échange de « gluons ». Ces particules changent la *couleur* des quarks. La force faible est véhiculée par un ensemble de particules appelées « bosons intermédiaires ». Il y en a trois, appelés W^+, W^- et Z. Cette fois, c'est la saveur des quarks qui est changée, tandis que les électrons sont transformés en neutrinos, ou *vice versa*. La force de gravité est probablement (mais pas certainement) véhiculée par un flux de gravitons.

D'après la théorie, les photons, les gluons et les gravitons n'ont pas de masse. Ils voyagent à la vitesse de la lumière : 300 000 kilomètres par seconde. Les bosons W et Z sont très massifs ; environ cent fois la masse d'un proton. Ils se déplacent lentement et ne vivent pas longtemps. En un temps infime (10^{-24} s) ils se désintègrent en d'autres particules.

Il existe également des particules (bosons) composées de deux quarks. Alors que, dans un nucléon, la force nucléaire entre les quarks est transportée par les gluons, dans un noyau atomique la force entre les nucléons est transportée par l'intermédiaire de bosons massifs, composés de deux quarks. Il y a les π (appelés aussi pions), les K, les ρ et les ω. Nous nous intéresserons surtout aux pions : ils existent en trois variétés de charges électriques différentes : π^+, π^0, et π^-.

Particules et champs

Il est temps de mentionner un apport majeur de la physique quantique à la cosmologie : la découverte de l'existence de formes d'énergies tout à fait inconnues au moment où Einstein écrivait la théorie de la relativité. On les appelle « énergies quantiques » ou encore « énergies du vide ».

La matière prend quelquefois l'apparence de particules ;

d'autre fois, elle semble se comporter comme une onde. Certains phénomènes – les interférences qui irisent les bulles de savon, ou les diffractions par lesquelles les toiles d'araignées s'illuminent au soleil levant – manifestent clairement le caractère ondulatoire de la lumière. Mais une ondulation de quoi ?

Pour décrire les phénomènes électriques et magnétiques, les physiciens du XIXe siècle ont inventé la notion de « champ électromagnétique ». Clerk Maxwell montre que la lumière est une « ondulation » du champ électromagnétique.

Par ailleurs, le fonctionnement des cellules photoélectriques – à la porte des ascenseurs – implique que la lumière est faite de « grains » de lumière : les photons. Comment réconcilier des points de vue aussi différents ?

La réponse est venue avec la physique quantique. En peu de mots, la lumière semble se comporter, dans certaines circonstances, soit comme une onde, soit comme un faisceau de particules. Ce sont deux aspects partiels d'une même réalité : la lumière.

En 1924, Louis de Broglie affirme que cette association entre champ d'ondes et particules n'est pas confinée aux seuls photons. Elle s'étend à toutes les particules de la physique. Les électrons peuvent, selon lui, induire des phénomènes d'interférence semblables à l'irisation des bulles de savon ! Les observations ont magnifiquement confirmé cette prédiction…

En analogie avec le champ de photons, il existe un champ d'électrons ; un champ de neutrinos, etc. Ces champs sont associés à leurs particules respectives comme le champ électromagnétique est associé aux photons.

Du coup, toute la physique est transformée. La matière n'est pas seulement constituée, comme on le croyait auparavant, d'un ensemble de particules en mouvement. La physique quantique introduit une nouvelle facette de la réalité : les champs quantiques. Ils vont manifester leur existence de multiples façons.

Tout comme les particules, ces champs possèdent de l'énergie. Et comme toutes les formes d'énergie, et au même titre que les masses, ces champs engendrent des forces de gravité. Ils influencent le mouvement des corps dans l'espace. On pense aujourd'hui qu'ils ont joué un rôle fondamental dans l'évolution du cosmos.

Les forces et la complexité

Nous revenons ici sur un thème amorcé au chapitre 2 : le rapport entre les propriétés des forces et la croissance de la complexité dans l'univers.

L'univers possédait, dès les premiers temps, la possibilité d'élaborer des structures complexes. Cette possibilité était « inscrite » dans les propriétés des forces qui s'exercent entre les particules. Nous discuterons d'abord, sous cet angle, de la portée des forces, et ensuite de leurs constantes de couplage.

La force gravitationnelle (tout comme la force électromagnétique) diminue, nous l'avons vu, avec le carré de la distance. Pourquoi ? La discussion est un peu technique mais le résultat en vaut la peine. Il va nous amener à des réflexions surprenantes sur la constitution du cosmos et sur notre propre existence. (Le lecteur peu habitué aux jongleries de calcul peut sauter directement au chapitre suivant.)

Autour d'une masse ponctuelle, on dessine par la pensée une sphère de rayon R. L'influence gravifique de cette masse *sur un point* de la sphère est inversement proportionnelle au carré de ce rayon. Mais la surface de la sphère est elle-même proportionnelle au carré de ce rayon. De sorte que la somme des effets de la masse sur tous les points de la sphère est la même, quel qu'en soit le rayon.

Nous touchons là un point crucial. La force de gravité diminue avec le carré de la distance simplement parce que son effet « s'étale » uniformément. C'est l'espace qui en dilue l'influence. Son affaiblissement ne manifeste pas un épuisement interne, une difficulté quelconque à se propager au loin. C'est un pur effet de géométrie[16].

Comment les forces se comporteraient-elles si nous vivions dans un monde à *deux* dimensions ? L'effet de la force de gravité s'étalerait d'une façon différente. Non plus sur la surface d'une sphère mais sur la circonférence d'un cercle (proportionnel au rayon). Cette force diminuerait donc comme la *première* puissance de la distance. Dans un monde à *quatre* dimensions spatiales, elle varierait avec le cube de la distance (puissance *trois*). On peut en tirer une conclusion générale : la force diminue avec *une* puissance de moins que l'espace où elle agit.

D'où une première conclusion : la force de gravité décroît avec le carré de la distance parce que nous vivons dans un monde à trois dimensions spatiales.

Rapprochons cette conclusion d'un phénomène astronomique important. Les planètes tournent autour du Soleil, à distance plus ou moins constante, depuis plus de quatre milliards d'années. Cette stabilité orbitale assure aux surfaces planétaires une température relativement uniforme. Telle ne serait pas la situation dans un monde qui n'aurait pas trois dimensions. Les orbites stables n'y existent pas.

La question « pourquoi l'espace a-t-il trois dimensions ? » devient ainsi cruciale pour nous. S'il en avait été autrement, la vie n'aurait jamais pu se développer sur la Terre. Cette donnée est à joindre à l'ensemble des « coïncidences » sans lesquelles nous ne serions pas[17]...

Dans le prochain chapitre, nous étudierons la formation des éléments légers dans les premières minutes de l'univers. Environ 25 % des protons primordiaux se sont alors combinés en hélium.

Si la force faible avait été encore un peu plus faible, pratiquement tous les protons auraient disparu du cosmos à cet instant. L'hélium, massivement engendré, aurait profondément modifié le comportement des étoiles. Leur durée de vie considérablement raccourcie n'aurait pas été suffisante pour assurer l'élaboration d'organismes vivants à la surface des planètes. Une force nucléaire un peu plus forte aurait, d'une façon analogue, entraîné un épuisement prématuré des protons, au profit de l'hélium.

Plusieurs auteurs ont répertorié et discuté les effets ravageurs de modifications – même minimes – des constantes de couplage des forces naturelles sur l'élaboration de la complexité. La liste est impressionnante. Nous retrouvons ici le thème de l'apparente connivence entre l'univers et la vie déjà évoquée au chapitre 2. Nous y reviendrons dans le dernier chapitre.

8. L'origine des éléments légers

Les physiciens partagent la passion des démographes. Ils adorent dénombrer les populations. Galaxies, étoiles, molécules, atomes : combien y en a-t-il dans telle région du ciel ? Voilà une occupation fort utile, souvent d'une grande portée astrophysique ou cosmologique.

Dans ce chapitre, nous allons nous intéresser à la démographie des atomes. Les éléments chimiques sont répartis d'une façon fort inégale dans le cosmos. L'hydrogène ordinaire est de beaucoup le plus abondant; près de 90 % des atomes de l'univers. L'hélium lourd (hélium-4) vient ensuite (près de 10 %). Les autres sont beaucoup plus rares : il y a mille fois moins d'oxygène que d'hydrogène et un trillion (10^{12}) de fois moins d'uranium que d'hydrogène.

Chacun de ces nombres interpelle le scientifique : pourquoi celui-là plutôt qu'un autre ? Pourquoi y a-t-il en moyenne deux fois plus d'oxygène que de carbone ? Pourquoi le lithium (trois protons) est-il un milliard de fois plus rare que l'hydrogène ?

La découverte de la force nucléaire devait apporter les éléments de la réponse. Quand deux noyaux se rencontrent et entrent en contact, ils peuvent « fusionner » sous l'effet de cette force. Ils forment alors un nouveau noyau composé des nucléons (protons et neutrons) des noyaux en collision. Cette « réaction nucléaire » s'accompagne de l'émission d'une grande quantité d'énergie. C'est la recette énergétique des étoiles et aussi celle des bombes H.

Pourquoi l'air et l'eau, sur notre planète, ne sont-ils pas le siège de réactions nucléaires ? Qu'est-ce qui empêche deux atomes d'oxygène de l'atmosphère de fusionner ? La réponse est simple : à cause de leur charge électrique (huit protons positifs), ces noyaux se repoussent. Ils se tiennent à distance suffisante pour empêcher le contact nécessaire à la fusion. La force nucléaire, rappelons-le, est une force à courte portée.

Au cœur des étoiles règnent des températures de dizaines, voire de centaines de millions de degrés. L'agitation thermique projette les noyaux les uns sur les autres avec une grande violence. La répulsion électrostatique est vaincue et les noyaux se touchent.

Trois fossiles nucléaires

En 1948, l'astronome anglais Fred Hoyle développe une théorie fertile : les éléments chimiques se forment dans les étoiles. C'est un grand succès. Cette théorie, appelée « nucléosynthèse stellaire » explique, d'une façon satisfaisante, les populations relatives d'un grand nombre d'atomes. Plusieurs noyaux, pourtant, n'y trouvent pas leur compte.

Le deutérium

Dans l'univers, il y a environ un hydrogène lourd (deutérium) pour cent mille atomes d'hydrogène légers. Ce rapport de population peut sembler faible ; pourtant, le deutérium est comparativement abondant. C'est, en nombre, le septième atome du cosmos.

Le deutérium est le plus fragile de tous les noyaux. Il ne résiste pas aux températures typiques des milieux stellaires. Il est détruit par les réactions nucléaires. Il « brûle » à moins d'un million de degrés. Quelle peut être son origine ? Le Big Bang semble tout indiqué. Il faut de la chaleur pour engendrer le deutérium. Aux premiers temps, elle ne manque pas ! Pour le conserver après fabrication, il faut le refroidir rapidement. L'expansion s'en charge... Le deutérium se forme quand la température cosmique est élevée ; il est sauvé de la destruction par sa chute rapide...

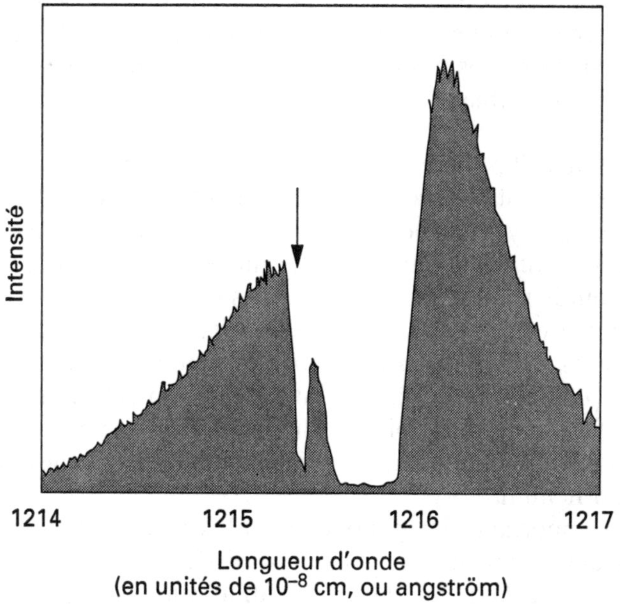

Figure 8 A. Raie d'absorption du deutérium. Le télescope spatial Hubble a décomposé la lumière venant de l'étoile Capella. Une très petite partie du spectre apparaît ici. A l'horizontale : la longueur d'onde de la lumière observée ; à la verticale : l'intensité de la lumière à une longueur d'onde donnée. La vallée en U, au centre du dessin, est creusée par des atomes d'hydrogène légers, situés entre nous et l'étoile. Ils absorbent la lumière émise par l'étoile. L'indentation à gauche est due aux atomes d'hydrogène lourds. Elle nous permet d'évaluer les populations relatives de ces deux variétés d'hydrogène (environ un hydrogène lourd pour cent mille atomes d'hydrogène légers). Ces noyaux ont été fabriqués par des réactions nucléaires quand l'univers était à une température d'un milliard de degrés.

L'hélium lourd (ou hélium-4)

Les étoiles fabriquent de l'hélium. Le Soleil en est notre exemple favori ! Mais pas assez. L'activité accumulée de toutes les étoiles du cosmos ne suffit pas à rendre compte de sa grande abondance : dix atomes d'hélium-4 pour cent d'hydrogène. (Cette abondance est souvent donnée en fraction de masse de l'hélium dans la matière cosmique : 10 % en nombre d'atomes correspond à 30 % en masse.)

La figure 8 B projette sur la situation un éclairage intéressant. On a mesuré l'abondance de trois éléments lourds – le carbone, l'azote et l'oxygène (horizontalement) – et de l'hélium lourd (verticalement) dans un certain nombre de galaxies. Ces éléments lourds sont de purs produits des étoiles. Les galaxies les plus actives en ont une abondance élevée. On les trouve à droite des dessins. D'autres, au « métabolisme stellaire » plus lent, se situent plus à gauche. Elles ont peu d'éléments lourds. Les étoiles fabriquent à la fois de l'hélium et des éléments lourds. Les galaxies qui ont le plus d'éléments lourds sont celles qui ont le plus d'hélium.

Point important : les galaxies les plus pauvres en éléments lourds ont quand même beaucoup d'hélium. On n'a jamais observé une galaxie ou une étoile qui ait moins de sept atomes d'hélium pour cent d'hydrogène. Elles s'échelonnent toutes

Figure 8 B. L'hélium dans les galaxies lointaines. Chaque point des trois diagrammes représente une galaxie. L'échelle horizontale équivaut (indirectement) à une échelle de temps, représentée par l'abondance des éléments lourds (oxygène, azote et carbone). A la verticale : l'abondance d'hélium. Les galaxies les plus pauvres en éléments lourds (à gauche) ont au moins 22 % d'hélium. Les éléments lourds proviennent des étoiles. Leurs abondances augmentent progressivement avec l'activité stellaire (de gauche à droite). L'hélium vient en majeure partie du Big Bang. L'activité stellaire porte ensuite son abondance à près de 30 %. →

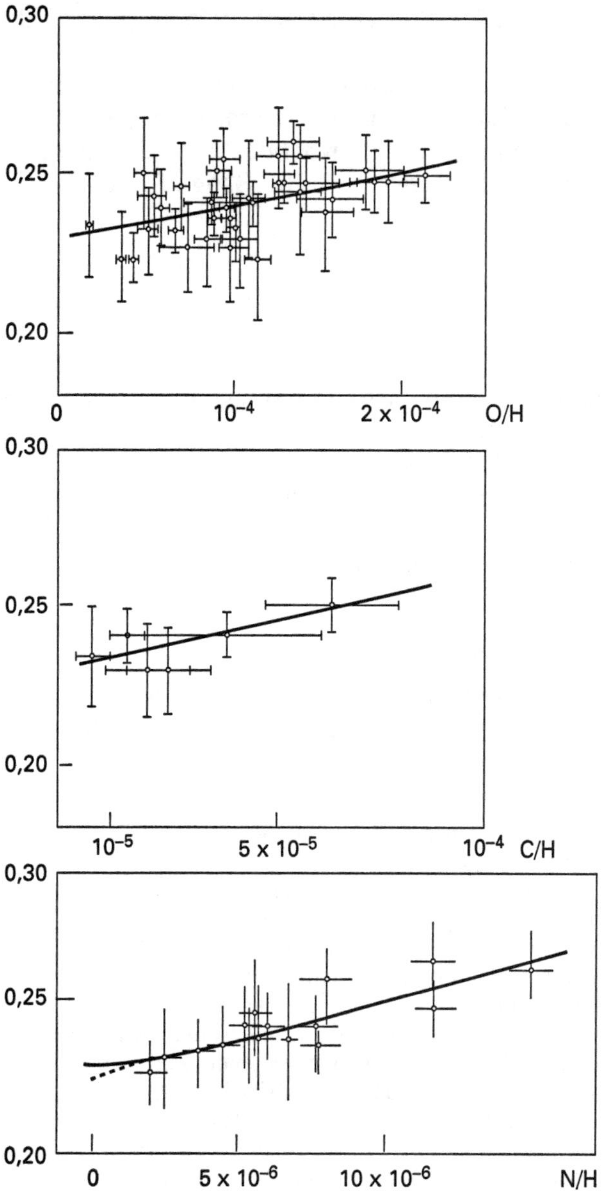
0,30
0,25
0,20
0
10^{-4}
2×10^{-4}
O/H
0,30
0,25
0,20
10^{-5}
5×10^{-5}
10^{-4}
C/H
0,30
0,25
0,20
0
5×10^{-6}
10×10^{-6}
N/H

entre 7 % et 10 %. (Soit de 23 % à 30 % en fraction de masse d'hélium.)

Une interprétation s'impose : à leur naissance, les galaxies contenaient déjà 7 % d'hélium lourd. D'où peut provenir cet hélium « primordial » ? Des réactions nucléaires dans la torride soupe primitive ! Ici encore, le Big Bang offre un scénario prometteur.

Le lithium-7

Un message analogue nous vient d'un autre noyau : le lithium-7. La figure 8 C nous offre un paysage tout à fait semblable à celui de l'hélium. Ces observations portent sur les étoiles de notre galaxie ; elles sont disposées horizontalement en fonction de leur âge : les plus vieilles à gauche ; les plus jeunes à droite. Quoique faible, l'abondance de lithium est pratiquement la même chez tous les plus vieux sujets. Vers la droite, l'abondance augmente.

Comment interpréter ces résultats ? La remontée à droite montre que les étoiles fabriquent du lithium-7. La présence de cet élément en quantité constante chez les plus vieilles implique une contribution primordiale. Là aussi le Big Bang vient à point…

Figure 8 C. Le lithium dans les vieilles étoiles. Chaque point du diagramme correspond à une étoile. L'axe horizontal est essentiellement une échelle de temps (représentée par l'abondance de fer [Fe/H]). Les plus vieilles étoiles sont à gauche, les plus jeunes à droite. →
A la verticale : l'abondance de lithium dans ces étoiles (limites supérieures seulement). Les plus vieilles étoiles ont pratiquement toutes la même abondance, quel que soit leur âge (plateau des Spite). Ce lithium vient du Big Bang. Plus tard, une nouvelle source de lithium apparaît, en provenance des étoiles (la remontée des points à droite du diagramme).
Par comparaison, les abondances du béryllium et du bore (diagrammes du bas) augmentent progressivement avec le temps. Elles ne montrent pas de plateau. Ces atomes sont engendrés par des phénomènes physiques tout au long de la vie de la galaxie. Le Big Bang n'en produit pas.

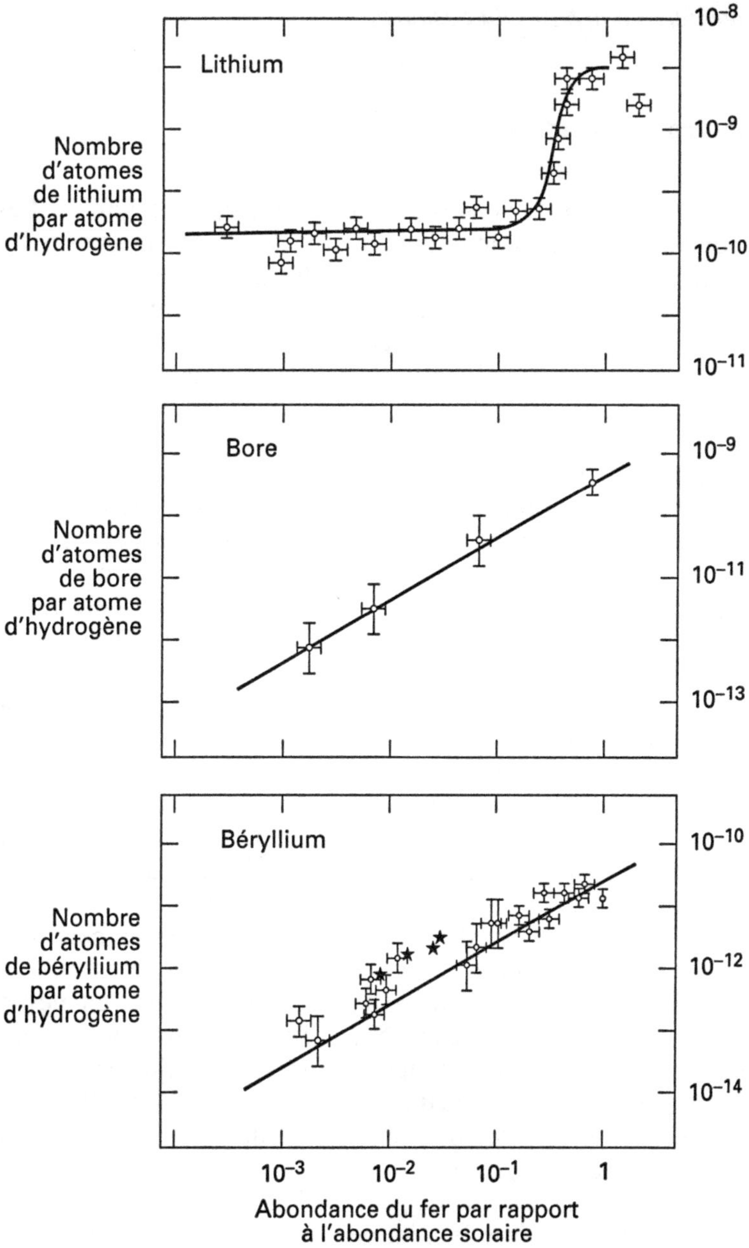
Lithium
Nombre d'atomes de lithium par atome d'hydrogène
10^{-8}
10^{-9}
10^{-10}
10^{-11}
Bore
Nombre d'atomes de bore par atome d'hydrogène
10^{-9}
10^{-11}
10^{-13}
Béryllium
Nombre d'atomes de béryllium par atome d'hydrogène
10^{-10}
10^{-12}
10^{-14}
10^{-3}
10^{-2}
10^{-1}
1
Abondance du fer par rapport à l'abondance solaire

Neutrons et neutrinos

D'où viennent le deutérium, l'hélium-4 et le lithium-7 ? Les abondances de ces atomes sont pour nous des fossiles cosmologiques. Il faut maintenant chercher à les interpréter.

Supposons que la température de l'univers ait atteint, dans le lointain passé, une valeur supérieure à dix milliards de degrés (10^{10} K). Les particules du gaz cosmique avaient alors des vitesses d'agitation thermiques correspondant à des énergies de plus d'un million (10^6) d'électronvolts[18].

De telles températures ont un effet désastreux sur les noyaux. L'agitation thermique est telle que la force nucléaire ne réussit pas à en maintenir la cohésion. Ils se décomposent en protons et en neutrons. A cette époque, le monde est constitué d'une soupe homogène de nucléons parmi lesquels foisonnent des électrons, des neutrinos et d'autres particules élémentaires. Mais pas de noyaux atomiques.

A ces températures, les neutrinos jouent un rôle de grande importance dans la purée cosmique. Absorbés et réémis sans cesse par les nucléons, ces particules transforment continuellement les protons en neutrons et *vice versa*. Ces réactions, gouvernées par la force faible, maintiennent en équilibre une population de neutrons tout à fait comparable à celle des protons. La matière cosmique est alors opaque aux neutrinos.

Avec la décroissance de la température, l'énergie des neutrinos, comme celle des autres particules, diminue progressivement. Au-dessous de dix milliards de degrés, ils ne sont plus en mesure d'interagir avec les nucléons. N'étant plus absorbés par ces particules, ils circulent librement dans l'univers. Le fluide cosmique devient transparent aux neutrinos (voir figure 6 E, p. 130).

Cette température de dix milliards de degrés K joue, par rapport aux neutrinos, le même rôle que la température de trois mille degrés par rapport aux photons. La température de dix milliards de degrés porte le nom de « température du découplage faible » (tout comme on appelle la température de trois mille degrés « température de découplage électromagnétique »).

Ce passage à la transparence a un effet très important sur la population de neutrons cosmiques. L'équilibre entre les populations de protons et de neutrons est rompu. Un neutron peut se désintégrer en : un proton, un électron et un neutrino, en un temps d'environ vingt minutes. Mais il peut aussi entrer en réaction nucléaire avec un proton et former un noyau de deutérium. Aujourd'hui, il n'y a plus de neutrons libres dans l'univers, sauf dans certaines étoiles ainsi que dans nos laboratoires terrestres.

La nucléosynthèse primordiale

Suivons le cours des événements dans le fluide en refroidissement. Vers le milliard de degrés, les neutrons survivants se combinent aux protons pour former du deutérium. Ceux-ci peuvent ensuite se joindre à d'autres nucléons pour engendrer successivement[19] des noyaux d'hélium-3, d'hélium-4 et, en proportion infime, de lithium-7 (voir figure 8 D, page suivante).

Le refroidissement de l'univers met rapidement fin à cette période d'activité nucléaire du cosmos. Grâce à la chute rapide de la température, une fraction des noyaux de deutérium est préservée. On les retrouve dans l'espace interstellaire (voir figure 8 A, p. 157), ainsi que dans l'eau lourde des réacteurs nucléaires. L'hélium-4 primordial s'observe dans les galaxies au métabolisme lent (voir figure 8 B, p. 159) et le lithium, à la surface des plus vieilles étoiles (voir figure 8 C, p. 161). Il y a aussi de l'hélium-3, mais ici les observations sont incertaines. Au même titre que le rayonnement fossile, ces cendres nucléaires, dispersées dans le cosmos, nous rappellent la splendeur du flash originel.

Ces réactions nucléaires nous sont bien connues. Elles ont été reproduites et mesurées en laboratoire. Grâce à ces données, on peut calculer la quantité des noyaux de deutérium, d'hélium et de lithium, engendrée durant cette phase de nucléosynthèse primor-

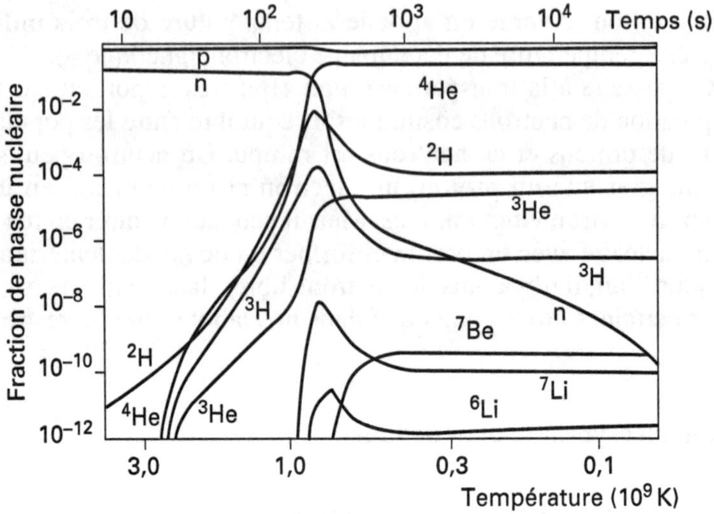

Figure 8 D. La naissance des éléments légers aux premières secondes de l'univers. A l'horizontale, en bas : la température décroissante de l'univers. En haut, l'âge correspondant (horloge conventionnelle). A la verticale, l'abondance de différents noyaux. A la première seconde, l'univers ne contient essentiellement que des protons (70 %) et des neutrons (30 %). Les courbes montrent la croissance progressive des noyaux, en parallèle avec la diminution des neutrons. L'activité est maximale autour de la centième seconde et diminue rapidement par la suite. Après dix mille secondes, tout est terminé. Le tritium (^{3}H) (isotope radioactif de l'hydrogène) se désintègre en hélium-3 tandis que le béryllium-7 (^{7}Be) se transforme en lithium-7.

diale. Les abondances observées, à la surface des étoiles et dans le milieu interstellaire, sont en bon accord avec les résultats du calcul.

Résumons-nous. Il suffit de supposer que l'univers a atteint, dans le passé, une température supérieure à dix milliards de degrés pour obtenir une explication simple au problème de l'origine des noyaux de deutérium (trop fragile pour être issu des étoiles), d'hélium-4 et de lithium-7 (déjà présents avant la formation des étoiles et des galaxies). Pendant la période où la matière cosmique passe de dix milliards à un milliard de degrés de température, des réactions nucléaires se produisent qui engendrent ces atomes dans les abondances observées.

Profitons de l'occasion pour présenter notre troisième bilan d'exploration sous forme d'un nouveau relevé de terrain.

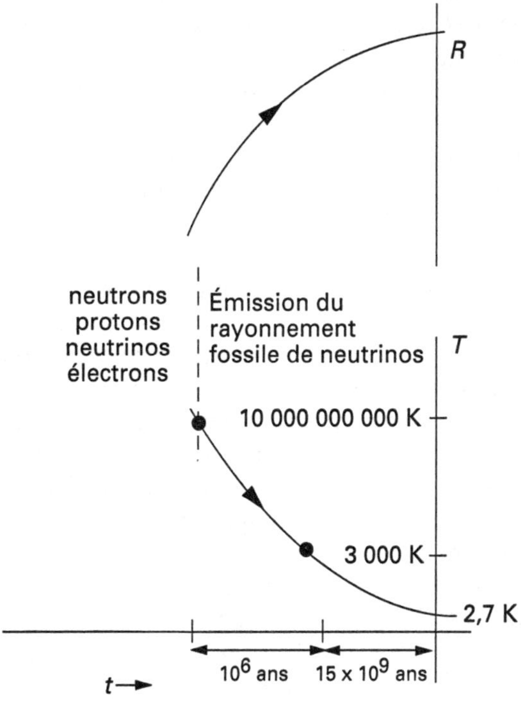

Figure 8 E. Relevé de terrain n° 3. Les résultats de notre étude sont inscrits sur notre troisième bilan d'exploration. Le lecteur peut y suivre les progrès de notre entreprise.
Les abondances observées des atomes d'hydrogène, d'hélium et de lithium nous prouvent que la température de l'univers a dépassé dix milliards de degrés. Les noyaux de ces atomes se sont formés environ un million d'années avant l'émission du rayonnement fossile. A cette époque, les particules étaient trois milliards de fois plus rapprochées qu'aujourd'hui : la densité moyenne de la matière cosmique était voisine de celle de l'eau.

La densité nucléonique

Dans le chapitre 5, nous avons dressé un panorama des composantes de la matière cosmique. La nucléosynthèse primordiale va nous permettre d'y ajouter un élément nouveau : la densité de nucléons dans l'univers.

L'étude des populations d'étoiles nous a donné le nombre de nucléons « qui brillent ». Nous l'avons exprimé en termes de « densité lumineuse » et nous l'avons évalué à 1 % de la densité critique. Cela, pourtant, ne nous dit rien sur les nucléons « sombres ». La nucléosynthèse primordiale va nous donner ce renseignement.

Revenons à notre univers à dix milliards de degrés dans lequel nagent protons et neutrons. Quel est le destin d'un neutron ? Il a deux avenirs possibles : *1)* il se transforme en proton ; *2)* il se joint à un proton pour former un deutérium et généralement plus tard un hélium. Quelle fraction des neutrons se désintègre en protons ? Quelle fraction se combine à un proton ?

Les réponses dépendent de la densité de nucléons dans l'univers. Dans un monde où il y aurait très peu de nucléons, les rencontres seraient rares et espacées. Les neutrons auraient tout le temps de se désintégrer. L'hydrogène serait très abondant et l'hélium rare. A l'inverse, si la densité est élevée, les rencontres seront plus fréquentes, les réactions nucléaires nombreuses et la population d'hélium plus importante.

Par là, l'abondance observée d'hélium cosmique nous apporte un renseignement des plus précieux. Elle nous permet d'évaluer la densité totale de nucléons dans l'univers. Incluant, cette fois, aussi bien ceux qui brillent et ceux qui ne brillent pas !

On montre que la densité nucléonique totale est deux à trois fois plus élevée que la densité de matière lumineuse. Nouvelle conclusion cosmologique importante : une fraction importante des nucléons du cosmos ne brille pas (ou très peu) ! Sous quelle forme sombre se dissimulent-ils ?

Il pourrait s'agir d'une population d'étoiles de très faible luminosité, les « naines brunes », gravitant à la périphérie du disque galactique. Ces astres, trop distants et trop faibles pour être observés par leur lumière propre, sont débusqués indirectement. On cherche à observer la déviation que leur masse provoque sur la lumière d'étoiles brillantes situées dans les nuages de Magellan (chapitre 5).

La densité des nucléons de l'univers, telle qu'elle est estimée à partir de la nucléosynthèse primordiale, se situe à l'intérieur de la fenêtre cosmologique des densités cosmiques. Elle est à mi-chemin entre la densité de matière lumineuse et celle de la masse sombre (densité dynamique : voir figure 5 H, p. 82) requise pour expliquer le comportement des galaxies et de leurs amas. Rien ne garantissait *a priori* cette compatibilité avec la fenêtre cosmologique des données astronomiques. Cette cohérence est un autre témoignage en faveur de la théorie du Big Bang.

On aimerait savoir si la « masse sombre » est entièrement de nature nucléonique. Ou faut-il invoquer une autre composante de matière inconnue (une composante exotique) pour expliquer les courbes de rotation des galaxies ? L'estimation de la densité nucléonique, par la nucléosynthèse primordiale, est trop imprécise pour répondre d'une manière définitive à ces questions.

En juxtaposant cette étude de la nucléosynthèse primordiale avec l'observation du rayonnement fossile, on évalue à environ trois milliards le nombre de photons pour chaque nucléon du cosmos. (Les astrophysiciens nomment « nombre baryonique » le rapport inverse, c'est-à-dire le nombre de nucléons – ou baryons – par photon.) Cette estimation deviendra un fossile important dans un chapitre ultérieur.

Neutrinos et hélium

Les prédictions vérifiées sont, rappelons-le, les pierres de touche d'une bonne théorie. Dans le chapitre 7, nous avons fait connaissance avec les trois familles de particules élémentaires : les familles électronique, muonique et tauique. Nous avons posé la question toute naturelle : au-delà des trois connues, combien restent à découvrir ?

Comment la théorie du Big Bang peut-elle apporter une réponse à cette question ?

Le calcul de l'abondance d'hélium-4 donne un résultat différent si l'on suppose que le nombre de familles est plus élevé. L'accord entre le calcul et l'observation est rompu. En ce sens, la théorie du Big Bang faisait dès les années 70 une prédiction : selon elle, l'inventaire était déjà à cette époque pratiquement terminé. Voyons cela d'un peu plus près.

Quel rapport peut-il y avoir entre l'abondance d'hélium et le nombre de familles de particules élémentaires ? L'explication, assez subtile, ne peut être donnée d'une façon satisfaisante dans la piste verte. Essayons d'en présenter l'idée générale.

Revenons à cet instant clé où la température est de dix milliards de degrés. Nous sommes dans l'ère radiative : la densité de l'univers, voisine de celle de l'eau liquide, est dominée par le « rayonnement ». On y trouve non seulement des électrons et des photons mais aussi des neutrinos de chaque variété. Chaque espèce de particules contribue à la densité d'énergie de l'univers et à son champ de gravité. A ce titre, elle influence la vitesse d'expansion et de refroidissement du cosmos.

Plus il y a de familles, plus il y a d'espèces de neutrinos (un par famille !), plus la densité cosmique est élevée et plus le refroidissement est rapide. Le nombre de neutrons qui échappent à la désintégration et parviennent à former des noyaux plus lourds (en particulier de l'hélium) en est accru. D'où le rapport entre le nombre de familles et la population d'hélium dans l'univers. Si on connaît l'un, on peut estimer l'autre.

Les trois familles déjà répertoriées suffisent à assurer une quantité d'hélium comparable à celle qui est observée. D'hypothétiques familles supplémentaires augmenteraient cette quantité au-delà des observations. D'où la prédiction de la théorie du Big Bang : pour rendre compte de l'abondance des noyaux cosmologiques, trois familles font l'affaire. Avec quatre familles ça irait moins bien. Avec cinq rien n'irait plus.

Une série d'expériences, effectuées au CERN en 1981, puis reprises en 1989 avec une précision accrue, permet de fixer à trois le nombre de familles de particules élémentaires... La théorie du Big Bang remporte alors un autre de ses grands succès prédictifs. Grâce à elle, dix ans avant les physiciens, les astrophysiciens ont estimé correctement le nombre de familles.

Un rayonnement fossile de neutrinos

La température de dix milliards de degrés correspond, rappelons-le, au passage de l'opacité à la transparence pour les neutrinos. A cet instant, un rayonnement fossile de neutrinos est libéré (comme à trois mille degrés, le rayonnement de photons). Ce rayonnement se propage librement et remplit l'univers, tout comme le rayonnement fossile de photons. En d'autres termes, le Big Bang prévoit l'existence d'un rayonnement fossile de neutrinos cosmiques (voir figure 6 E, p. 130).

Au moment de leur émission, ces neutrinos avaient une énergie moyenne d'un million d'électronvolts. Aujourd'hui, refroidie par l'expansion, elle n'est plus que d'un millième d'électronvolt. Leur population, toujours selon la théorie, est d'environ 450 par centimètre cube, répartie à peu près également entre les trois variétés : neutrino électronique, neutrino muonique, neutrino tauique.

Malheureusement, des neutrinos d'une énergie aussi faible sont extraordinairement difficiles à détecter. Aucune technologie contemporaine n'est en mesure d'effectuer cette observation.

Si, vraiment, l'univers a atteint une température de plus de dix milliards de degrés (une hypothèse que les succès de la nucléosynthèse primordiale rendent bien crédible), ce rayonnement de neutrinos doit exister. A quand les « Penzias et Wilson » des neutrinos ?

Le passage de dix milliards de degrés à trois mille degrés prend à peine un million d'années alors que quinze milliards d'années se sont écoulés entre l'émission du rayonnement fossile de photons et notre présent. Plus nous reculons dans le temps, plus les périodes se réduisent. Les hautes températures accélèrent le rythme des phénomènes physiques.

Le temps et les lois

Revenons sur une question posée au début de notre long voyage. Pouvons-nous supposer que le cours des années peut être remonté indéfiniment ? Les résultats positifs obtenus jusqu'ici confirme la valeur de cette hypothèse, jusqu'à dix milliards de degrés. Les succès de la théorie du Big Bang sont autant de justifications *a posteriori*. Depuis quinze milliards d'années au moins, le tapis du temps forme un sol stable pour notre exploration.

La théorie du Big Bang s'appuie sur une autre hypothèse, non moins fondamentale. Elle suppose que les lois de la physique, telles que nous les avons découvertes au laboratoire et dans le système solaire, sont valables partout dans l'univers. Qu'elles ne changent pas au cours du temps.

La nucléosynthèse primordiale nous permet de tester cette hypothèse. Pour effectuer les calculs, on a supposé que les lois qui régissaient la matière à cette époque étaient les mêmes que maintenant. Le succès de la nucléosynthèse primordiale nous le confirme : les lois n'ont pas changé depuis le moment où la température était de dix milliards de degrés.

La situation change à des températures supérieures. Le comportement des forces se modifie radicalement. Résultat curieux, elles en viennent à se ressembler de plus en plus. Cette évolution a donné naissance à la notion d'unification des forces. Notons, cependant, que ces variations des forces ne signifient pas une variation des lois. Elles sont, en fait, prévues par les lois.

Les lois qui régissent les forces jouent le rôle d'éléments organisateurs du cosmos. Comme l'œuf cosmique sur l'immensité des eaux primordiales, elles président à l'élaboration de la complexité cosmique.

8R. La nucléosynthèse primordiale (*Big Bang Nucleosynthesis* ou BBN)

[piste rouge : ⚠]

Les échelles de temps

Pour comprendre la physique de la nucléosynthèse primordiale, il faut d'abord étudier l'influence de la température sur deux paramètres différents : la vitesse d'expansion du cosmos, et la vitesse des réactions entre les particules. Ces vitesses déterminent, à leur tour, les échelles de temps de l'évolution du cosmos. La comparaison entre ces échelles nous permettra de localiser un certain nombre d'événements cruciaux de l'histoire de l'univers.

Rappelons d'abord quelques données présentées dans le chapitre 5. L'équation dynamique du Big Bang relie la durée d'expansion du cosmos, que nous appellerons t_{exp}, à sa densité. Aux températures dont il sera question ici l'univers est dominé par le rayonnement (ère radiative) :

(1) $$(dR/dt)^2/R^2 = 8\pi G_N \rho/3.$$

La densité d'énergie est donnée par :

(2) $$\rho = g(T)\,T^4.$$

Le terme $g(T)$ représente l'effet combiné de toutes les espèces de particules relativistes présentes.

Il nous faut ici tenir compte d'une complication supplémentaire. Pour des raisons de découplages plus ou moins précoces, les différents rayonnements ne sont pas nécessairement à la même température. Les neutrinos, aujourd'hui, sont à une température inférieure à celle des photons. Le calcul sera effectué ultérieurement. Ce fait, qui influence leur contribution à la densité totale, s'exprime par la formule suivante, où les T_i sont les températures respectives des espèces découplées tandis que T_γ est la température du rayonnement fossile de photons :

(3) $$g(T) = \Sigma_i (g_{iB}(T_i/T_\gamma)^4 + (7/8) g_{iF}(T_i/T_\gamma)^4.$$

Dans le modèle standard des particules élémentaires, à 1 MeV par exemple, la démographie inclut les photons, les électrons et les positrons et trois types de neutrinos et d'antineutrinos. Dans ces conditions, on a pour toutes ces variétés ($T_i = T_\gamma = 1\text{MeV}$) et donc $g(T = 1 \text{ MeV}) = 2 + (7/8) \times 10 = 10{,}75$.

La relation $T \propto 1/R$, dérivée au chapitre 5, jointe à l'équation (3), nous permet d'intégrer l'équation (1) pour obtenir :

(4) $$t_{exp} \propto (g(T)\, G_N)^{-1/2}\, T^{-2}.$$

Pour évaluer les vitesses des réactions, on considère un événement du type A + B →C + D. Par exemple : la capture d'un neutrino par un neutron pour donner un électron et un proton.

La probabilité d'une réaction est donnée par le produit de la section efficace (σ), multipliée par la vitesse relative de la paire de particules entrant en réaction, le tout moyenné sur la distribution des vitesses $< \sigma v >$ à la température T. Les sections efficaces de réaction sont des fonctions de l'énergie et, par là, de la température.

Pour l'interaction faible, responsable de la capture des neutrinos, les sections efficaces sont proportionnelles au carré de l'énergie (dans le domaine d'énergie qui nous intéresse ici). On a alors :

(5) $$< \sigma v >_{n+\nu \to p+e} \propto G_F^{\,2}\, T^2$$

où G_F est la constante de Fermi.

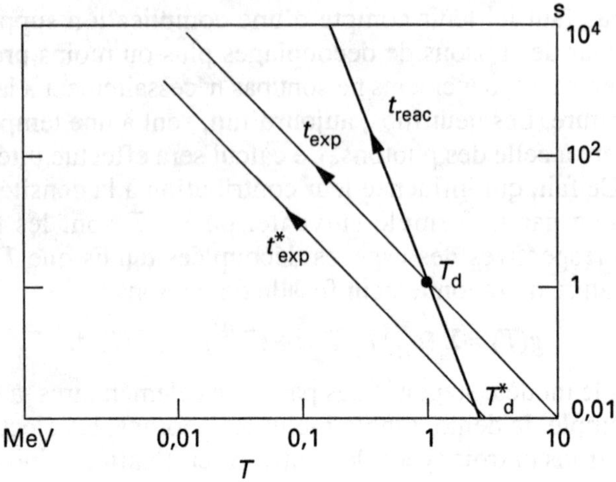

Figure 8R A. Les échelles de temps et le découplage faible. Les droites t_{exp} et t_{reac} sont, respectivement, la durée de l'expansion et le temps moyen entre les réactions de l'interaction faible en fonction de la température (décroissante de droite à gauche). A droite du diagramme, t_{reac} (inversement proportionnel à la cinquième puissance de la température) est plus court que t_{exp} (inversement proportionnel au carré de la température). Les réactions faibles sont en équilibre et les populations relatives de neutrons et de protons (n/p) sont données par l'équation de Boltzman. A droite, les réactions sont trop lentes pour maintenir l'équilibre. Le point de rencontre T_d détermine la température de découplage des interactions faibles.
La courbe t^*_{exp} ($g^* > g(T)$) décrit le temps d'expansion dans un univers qui contiendrait des variétés de particules relativistes supplémentaires (par exemple, d'autres neutrinos). La température de découplage T^*_d y serait plus élevée ainsi que la population de neutrons et (en conséquence) d'hélium.

Pour obtenir la probabilité de capture d'un neutrino, par unité de volume, il faut encore multiplier par la densité numérique de neutrons : $n(T) \propto R^{-3} \propto T^3$. Ainsi, le temps moyen entre chaque capture d'un neutrino par un neutron t_{reac} est donné par :

(6) $t_{reac}\,(n + \nu \rightarrow p + e) = (<\sigma v>\, n(T))^{-1} \propto G_F^{-2}\, T^{-5}.$

Ce temps de réaction (équation (6)) décroît plus vite avec la température que le temps d'expansion (équation (4)). Au début de l'univers, il était plus court que le temps d'expansion. Les réactions étaient alors suffisamment rapides pour qu'un équilibre s'instaure entre les particules en interaction. Dans ces conditions, les abondances des particules sont données par des lois d'action de masse, comme la loi de Boltzmann. Elles ne dépendent que des propriétés des particules (masses, spin, etc.) et non des conditions antérieures. Le passé est gommé.

La température de découplage de l'interaction faible est obtenue en égalant les deux échelles de temps :

$$T_{\mathrm{d}} \propto (g(T))^{1/6}\,(G_{\mathrm{N}})^{1/6}\,G_{\mathrm{F}}^{-2/3} \approx 1 \text{ MeV}. \qquad (7)$$

Dans la figure 8R A, les deux temps (équations (4) et (6)) se rencontrent à la température de couplage T_{d}.

Ce comportement des échelles de temps ne s'applique pas seulement à l'interaction faible. Tous les processus physiques étaient en équilibre thermodynamique aux tout premiers temps de l'univers. A l'inverse, après le découplage, les équilibres sont rompus : les abondances reflètent alors l'histoire passée.

Les premières secondes

Rappelons l'expression approximative : t (s) $\approx 1/T^2$ (MeV). Plusieurs événements importants se passent quand l'univers a environ une seconde : *a)* le découplage de l'interaction faible vers 1 MeV; *b)* l'annihilation électron-positron autour de 0,5 MeV (masse au repos de l'électron), à 4 secondes environ ; *c)* la nucléosynthèse des noyaux légers autour de 0,1 MeV à une centaine de secondes.

Grâce aux réactions

$$\mathrm{n} + \nu_e \rightarrow \mathrm{p} + \mathrm{e}\,;\ \nu_e + \mathrm{p} \rightarrow \mathrm{n} + \mathrm{e}\,;\ \mathrm{n} \rightarrow \mathrm{p} + \mathrm{e} + \nu_e$$

les interactions faibles sont en équilibre à $T > 1$ MeV.

En conséquence, la population relative des neutrons et des protons est donnée par :

(8) $$n/p = \exp(-\Delta M/kT)$$

où ΔM est la différence de masse entre le neutron et le proton (1,293 MeV). Ce rapport décroît avec la température ; il atteint la valeur de 0,27 à la température de découplage. En dessous de T_d, les réactions $\nu_e + p \rightarrow n + e$ sont trop lentes pour assurer l'équilibre. Les réactions $n + \nu_e \rightarrow p + e$ ainsi que $n \rightarrow p + e + \nu_e$ accélèrent la diminution de la population de neutrons (figure 8R B).

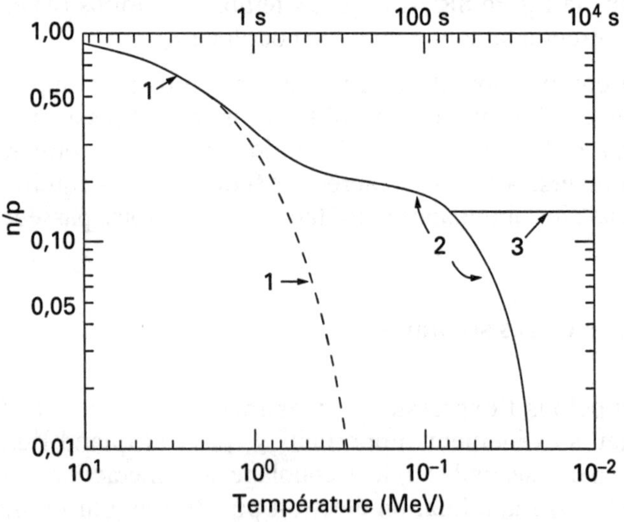

Figure 8R B. Le sort des neutrons. Le rapport neutron/proton (n/p), en fonction de la température décroissante. La courbe n° 1 donne le rapport prévu par l'équation de Boltzmann, si l'équilibre est maintenu. Après la rupture de cet équilibre, à $T \approx 1$ MeV, en l'absence de réactions nucléaires, le rapport suivrait la courbe n° 2. La fraction de neutrons incorporés dans les noyaux lourds est représentée par la droite n° 3.

⚠

Les électrons quittent la scène

Au-dessus de 0,5 MeV, les populations de positrons et d'électrons sont maintenues en équilibre par les réactions :

$$e^+ + e^- \leftrightarrow \gamma + \gamma.$$

A cause des facteurs de multiplicité, la densité d'énergie des électrons-positrons est supérieure à celle des photons. En dessous de cette température, les photons ne sont plus assez énergétiques pour maintenir cet équilibre. L'annihilation électron-positron engendre alors un flux de photons qui accroît légèrement la densité radiative. (Plus exactement, ces nouveaux photons ralentissent le taux de refroidissement du cosmos.) Les neutrinos, maintenant découplés du reste de l'univers, ne reçoivent aucune part des énergies émises par cette annihilation. En conséquence, leur température devient légèrement plus faible que celle des photons.

Nous allons calculer cet effet en tenant compte du fait que l'annihilation se fait à entropie constante. Rappelons que la densité d'entropie est proportionnelle à la densité numérique des particules relativistes. On a défini (équation (28), p. 108) un facteur démographique d'interaction (g_{int}) qui ne contient que des espèces en interaction physique à une certaine température (ici $T \approx 0,5$ MeV). En égalant la densité d'entropie s dans l'état initial i (avant l'annihilation) et dans l'état final f après l'annihilation, on obtient :

(9) $$s_i = g_{i\ int}\, T_i^3 = s_f = g_{f\ int}\, T_f^3$$

avec $g_{i\ int} = [2 + (7/8)\ (2 + 2)]$ (photons + électrons) et $g_{f\ int} = 2$ (photons seulement) on trouve : $T_f/T_i = (11/4)^{1/3} = 1,31$.

Les neutrinos, découplés à 1 MeV, ne profitent pas de l'annihilation. Ils restent à la température T_i tandis que le reste de l'univers atteint la température T_f. Par la suite, les températures décroissent progressivement tout en conservant le rapport de 1,31.

La température des photons d'aujourd'hui étant de $T_\gamma = 2{,}7$ K, nous évaluons celle des neutrinos à $T_\nu = 1{,}9$ K. Cet exemple illustre la méthode de calcul de $g(T)$ (équation (3)) pour des espèces qui ne sont pas à la même température que les photons.

Le rayonnement fossile de neutrinos est une conséquence nécessaire de la théorie du Big Bang si l'univers a dépassé la température de 1 MeV. A cause de la très faible énergie de ces particules, un milliélectronvolt (1 meV), leur détection est encore hors de portée de la technique contemporaine.

Les observations montrent que les neutrinos n'existent qu'en une seule « hélicité » : les neutrinos sont toujours « gauches » (spin en sens opposé à la direction du mouvement) et les antineutrinos toujours « droits » (spin de même sens que le mouvement). Il n'est pas impossible que des neutrinos droits (et des antineutrinos gauches) existent, mais avec une constante de couplage G^* beaucoup plus faible que la constante de Fermi ($G^* << G_F$), autrement on les aurait déjà détectés. Si la température de découplage de ces particules hypothétiques, obtenue par l'équation (7), est plus grande que 107 MeV (la masse du muon), ils n'auront reçu aucune part de l'annihilation muon-antimuon. Un calcul fondé sur la conservation de l'entropie, analogue au précédent, permettrait la détermination de la température de ce rayonnement en fonction de la constante G^*. Cet exemple nous sera utile plus tard.

La formation des éléments légers

Au-dessus de 0,1 MeV, les deutérons sont en équilibre statistique nucléaire avec les nucléons par les réactions $n + p \leftrightarrow \gamma + D$.

A l'équilibre, on a (voir le chapitre 6R) :

$$(10) \qquad n(\mathrm{D})/n(\mathrm{p})\,n(\mathrm{n}) = Z_\mathrm{D}/Z_\mathrm{p}Z_\mathrm{n}$$
$$= V/(\lambda^3_{\mathrm{th(D)}})\exp(\Delta M/kT)/(V/\lambda^3_{\mathrm{th(p)}})\,V/(\lambda^3_{\mathrm{th(n)}})$$

où $\Delta M = 2{,}231$ MeV est la différence de masse entre le deutéron et ses constituants. Les abondances en équilibre de D/H sont très inférieures aux observations astronomiques.

Vers 0,1 MeV, la photodésintégration des deutérons par les rayons gamma n'est plus en mesure de préserver l'équilibre. C'est le début de la nucléosynthèse primordiale. Les réactions $n + p \rightarrow \gamma + D$ accroissent rapidement la population des deutérons (voir figure 8 D, p. 164).

Quand l'abondance relative des deutérons et des protons atteint le millième, les deutérons capturent des nucléons pour se transformer en noyaux de masse-3 (hélium-3 et tritium) : $D + p \rightarrow {}^3He + \gamma$; $D + n \rightarrow T + \gamma$. Ces noyaux se transforment ensuite en hélium-4, par les réactions ${}^3He + {}^3He \rightarrow {}^4He + 2p$. Vu l'absence de noyaux stables de masse 5 et 8, l'hélium-4 est très peu détruit par la suite. Seule une fraction infime de sa population est transformée en lithium-7 et en béryllium-7 par les réactions ${}^4He + T \rightarrow {}^7Li + \gamma$ et ${}^4He + {}^3He \rightarrow {}^7Be + \gamma$, suivies, après plusieurs jours, de la capture électronique ${}^7Be + e \rightarrow {}^7Li + \nu_e$.

Les abondances des noyaux légers engendrés pendant cette période d'activité nucléaire sont reliées à deux paramètres de l'expansion : d'abord la population relative des protons et des neutrons (n/p) au moment du découplage faible à $T \approx 1$ MeV et ensuite la population relative des nucléons et des photons (appelée communément le nombre baryonique $\eta \equiv n$ (nucléons)/n (photons)) au moment du découplage nucléaire à 0,1 MeV.

Le rapport n/p dépend de la température de découplage et ainsi de la valeur de $g(T)$ (équations (3), (7) et (8)). La probabilité qu'un neutron interagisse avec un proton pour engendrer un deutéron dépend de la densité de protons au moment de la nucléosynthèse primordiale. Mais comment la connaître ?

La stratégie consiste à évaluer le nombre baryonique aujourd'hui pour déterminer le profil densité-température du passé de l'univers. Le rayonnement fossile nous donne le nombre de photons : n (photons) = 411 cm^{-3} pour $T = 2{,}736$ K. La densité nucléonique ρ_b est mal connue (chapitre 5). Elle se situe entre 5×10^{-32} g/cm^3 (la densité de matière lumineuse) et 5×10^{-29} g/cm^3 (trois fois la densité critique). On obtient : $3 \times 10^{-8} > \eta > 3 \times 10^{-11}$.

⚠ Le nombre de nucléons par covolume n'a pas changé entre $T = 10^9$ K et aujourd'hui (pas de créations où d'annihilations de nucléons). De même, le nombre de photons du rayonnement fossile par covolume est resté constant : ($T \propto 1/R$). Le nombre baryonique ne varie donc pas pendant toute cette période. La fourchette mentionnée dans le paragraphe précédent s'applique également à l'époque de la nucléosynthèse primordiale.

Donnons d'abord quelques équivalences.

On définit $\eta_{10} = \eta \times 10^{10}$. La densité baryonique est alors reliée à η_{10} par la relation : $\rho_b = 0{,}6\ \eta_{10} \times 10^{-31}$ g/cm^3. En termes de densité critique, on a : $\Omega_b h^2 = 3{,}7 \times 10^{-3}\ \eta_{10}$. Rappelons que h (compris entre 0,5 et 1,0) est la constante de Hubble en unités de 100 km/s/mégaparsec.

La figure 8 RC montre les abondances des éléments à la fin de la nucléosynthèse primordiale, en fonction de la densité présumée de matière pendant cette période.

A très faible densité nucléonique, les neutrons se désintègrent en protons. Aux densités supérieures à la densité de matière lumineuse, la grande majorité des neutrons présents au découplage s'incorporent dans des noyaux d'hélium-4. L'abondance d'hélium cosmique est corrélée à la température de découplage faible (équation (9)) par l'expression $Y \approx 2(n/p)/(1 + n/p)$ où Y est l'abondance d'hélium en fraction de masse (équation (7) et (8). L'abondance d'hélium est un fidèle témoin de la démographie du cosmos. La figure 8R C montre qu'elle dépend également, mais dans une plus faible mesure, du nombre baryonique[20].

Figure 8R C. La nucléosynthèse primordiale. Abondance de différents noyaux à la fin de la nucléosynthèse primordiale, en fonction de la densité présumée de matière nucléonique (échelle du bas en g/cm^3) ou du nombre baryonique (échelle du haut). La densité de matière lumineuse nous permet d'exclure la région inférieure à 3×10^{-32} g/cm^3 tandis que l'absence de décélération des galaxies élimine les densités supérieures à 10^{-28} g/cm^3. La zone intermédiaire est la « fenêtre cosmologique ». Notons que dans cette fenêtre l'abondance des noyaux lourds (carbone, oxygène) est négligeable. Le Big Bang ne forme pas d'éléments lourds. →

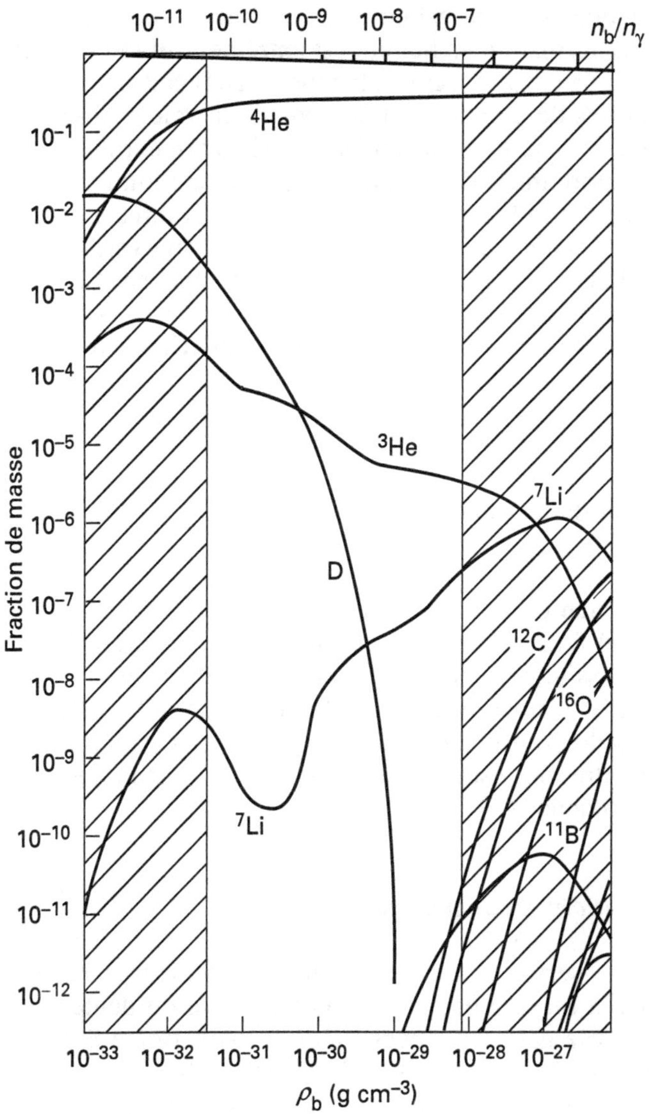

10⁻¹¹ 10⁻¹⁰ 10⁻⁹ 10⁻⁸ 10⁻⁷
n_b/n_γ
Fraction de masse
10⁻¹ 10⁻² 10⁻³ 10⁻⁴ 10⁻⁵ 10⁻⁶ 10⁻⁷ 10⁻⁸ 10⁻⁹ 10⁻¹⁰ 10⁻¹¹ 10⁻¹²
^4He
^3He
D
^7Li
^7Li
^{12}C
^{16}O
^{11}B
10⁻³³ 10⁻³² 10⁻³¹ 10⁻³⁰ 10⁻²⁹ 10⁻²⁸ 10⁻²⁷
ρ_b (g cm⁻³)

La production de deutérium dépend fortement du nombre baryonique. A haute valeur de ρ_b, la fraction de D qui échappe à la transformation en hélium est extrêmement faible. A la densité critique ($\approx 10^{-29}$ g cm^{-3}) le rapport D/H calculé est de 10^{-12}, sept ordres de grandeur en dessous de la valeur observée. Les noyaux de masse –3 dépendent aussi fortement du nombre η. Le comportement du lithium-7 est plus compliqué, avec une « colline » à faible η reflétant la formation directe de ^{7}Li, une « vallée » et une autre « colline » à η plus élevé (provenant de la formation de ^{7}Be qui se désintègre par la suite en ^{7}Li).

Pour des densités baryoniques supérieures à la densité critique, la formation de noyaux plus lourds (C, O, etc.) est entièrement négligeable.

Les abondances observées

Pour bien tester le modèle de BBN (nucléosynthèse du Big Bang), il faudrait pouvoir mesurer les abondances de ces éléments aussitôt après leur formation. En fait, on les détermine sur des astres formés beaucoup plus tard. Ce délai présente une incertitude dont il est difficile de mesurer l'importance. Dans ce chapitre, on discutera successivement chacun des « noyaux cosmologiques ».

Observations du deutérium

Des observations en satellite (Copernicus, Hubble) ont permis la mesure de l'abondance relative du deutérium D/H dans le gaz galactique contemporain (voir figure 8 A, p. 157). On trouve : D/H = 1,65 (+0,07, –0,18) $\times 10^{-5}$.

Nous avons des données sur l'abondance de deutérium à l'époque de la naissance du Soleil, il y a 4,5 milliards d'années.

Elles ont été obtenues indirectement à partir d'une feuille d'aluminium placée par les cosmonautes américains sur la Lune. Ce projet a été conçu par Johannes Geiss et son équipe de l'université de Berne. Le Soleil émet continuellement dans l'espace un « vent solaire ». Il s'agit de particules, extraites de son atmosphère, qui se propagent à grande vitesse jusqu'aux confins du système solaire. La Lune, sans atmosphère et sans champ magnétique, les reçoit sur sa surface. La feuille d'aluminium a piégé ces particules qu'on a ensuite étudiées en laboratoire, obtenant ainsi des renseignements de première main sur la composition du vent solaire et donc sur la composition de la surface solaire actuelle.

La surface solaire ne contient pas de deutérium. Aux températures des couches supérieures de notre étoile, le deutérium est rapidement détruit par la réaction $p + D \rightarrow {}^3He + \gamma$. L'hélium-3 ainsi produit s'ajoute à celui qui était déjà présent dans la nébuleuse protosolaire. Les mesures prises sur la feuille d'aluminium montrent effectivement un rapport isotopique de l'hélium $({}^3He/{}^4He) = 4{,}50 \pm 0{,}4 \times 10^{-4}$. Cette valeur est plus élevée que la valeur observée dans certaines météorites (${}^3He/{}^4He = 1{,}5 \pm 0{,}3 \times 10^{-4}$) qui représente la composition du gaz galactique à la naissance du Soleil. La différence entre les deux valeurs donne une mesure de la valeur du rapport D/H dans la nébuleuse protoplanétaire $D/H_{protosolaire} = (2{,}6 \pm 1{,}0) \times 10^{-5}$ (tenant compte de la valeur solaire du rapport ${}^4He/H = 0{,}10$ $(\pm 0{,}01)$). On observe également du deutérium à la surface de Jupiter avec un rapport isotopique tout à fait comparable. Ces valeurs se rapportent à la composition de la nébuleuse protosolaire. Nous n'avons rien de plus vieux[21].

L'exploration vers des temps plus anciens part d'un principe simple : non seulement les étoiles ne fabriquent pas de D mais elles brûlent celui qui s'y trouve. La matière rejetée à la fin de leur vie stellaire ne contient plus de D. L'abondance de D dans la galaxie ne peut que décroître avec le temps. Il n'est donc pas étonnant de constater une diminution du rapport D/H entre la naissance du Soleil et aujourd'hui. (Encore que les incertitudes sur ces mesures ne permettent peut-être pas d'être très affirmatif à ce sujet.)

La diminution du rapport D/H est proportionnelle à la fraction de la masse du gaz galactique qui a « transité » par une étoile (« astrée »). Des calculs, effectués avec des modèles d'évolution de la galaxie et des générations d'étoiles qui s'y sont succédé, nous permettent d'estimer son abondance initiale à : $2 \times 10^{-4} > D/H > 2 \times 10^{-5}$. Cette extrapolation sur plus de dix milliards d'années reste bien incertaine.

Observations de l'hélium-3

Les mesures décrites auparavant nous permettent d'évaluer l'abondance $^3He/H = 1{,}5 \pm 0{,}3 \times 10^{-5}$ à la naissance du Soleil. Les mesures dans le gaz galactique contemporain sont très imprécises. Elles se font à partir de la raie hyperfine à 3,46 cm de $^3He^+$. Elles varient entre 2×10^{-5} et 4×10^{-5}. Contrairement au D, l'hélium-3 est, à la fois, fabriqué et détruit par les étoiles. D'où la difficulté d'extrapoler son abondance au Big Bang. Une stratégie intéressante consiste à faire la somme de ($D + {}^3He$). Puisque la destruction de D donne du ^3He, la somme des deux isotopes varie probablement moins que chacun d'entre eux, au cours de l'évolution galactique. Une valeur initiale $3 \times 10^{-4} > (D + {}^3He/H) > 3 \times 10^{-5}$ paraît raisonnable.

Observations de l'hélium-4

Cet isotope est engendré à la fois par le Big Bang et par les étoiles. Les abondances observées vont de 23 % à 30 % en masse ($^4He/H$ va de 0,07 à 0,10), illustrant l'effet graduel d'enrichissement par les générations stellaires au long de la vie des galaxies (voir figure 8 B, p. 159). Pour en déterminer la valeur primordiale, on cherche à mesurer son abondance dans les astres qui montrent le moins de contamination par la nucléosynthèse stellaire. On s'intéresse en particulier à des galaxies dites « bleues compactes » qui ont de très faibles abondances d'éléments plus lourds (tels l'oxygène, le carbone et l'azote). Les auteurs s'accordent sur une valeur moyenne initiale de $0{,}22 < Y < 0{,}24$.

Observations du lithium-7

Le fait que dans les vieilles étoiles (dites de population II) l'abondance de cet isotope varie très peu avec l'âge (voir figure 8 C, p. 161) est un des meilleurs arguments en faveur de la nucléosynthèse primordiale. Cette observation, due aux astronomes français François et Monique Spite, nous offre une estimation de l'abondance de cet isotope à une époque relativement rapprochée du Big Bang. La valeur moyenne observée $^7Li/H \approx 1{,}2 \times 10^{-10}$ ne représente pas nécessairement la valeur primordiale. Le lithium est très fragile et résiste mal aux températures stellaires. Une partie du lithium initialement présent à la naissance de ces étoiles (il y a plus de dix milliards d'années) peut avoir disparu de la surface. Les raisons sont multiples : destruction nucléaire, diffusion vers l'intérieur... De nombreuses études des mécanismes physiques responsables de cette disparition montrent que la destruction du lithium ne peut pas avoir été très importante. Ces travaux nous permettent de fixer à $1{,}0 \times 10^{-10} < {}^7Li/H < 3{,}0 \times 10^{-10}$ la valeur de la composante initiale.

La densité nucléonique

Notre ignorance de la valeur précise du nombre baryonique nous permet d'en faire un paramètre libre du calcul. La question posée est la suivante : existe-t-il une valeur du paramètre η pour laquelle les abondances calculées sont en accord avec les observations et leurs extrapolations ? La réponse est illustrée dans la figure 8R D où les calculs sont comparés aux observations. La limite inférieure de $D/H > 1{,}6 \times 10^{-5}$ nous donne une limite supérieure de $\eta_{10} < 8$. La limite supérieure $D/H < 10^{-4}$ correspond à $\eta_{10} > 3{,}0$. Pour l'ensemble $(D + {}^3He)/H$, les limites sont pratiquement les mêmes.

Pour ${}^4He$, les limites $0{,}22 < Y < 0{,}24$ correspondent à : $1{,}2 < \eta_{10} < 4{,}0$. Pour ${}^7Li$, les limites $1{,}5 \times 10^{-10} < {}^7Li/H < 3{,}0 \times 10^{-10}$ donnent $1{,}4 < \eta_{10} < 5{,}0$.

Combinant ces données, on arrive à une conclusion importante. Il suffit de supposer que le nombre baryonique est compris dans le domaine $3 < \eta_{10} < 5$ pour que la nucléosynthèse primordiale rende compte à la fois des quatre noyaux cosmologiques.

Ce domaine correspond à :

$$2 < \rho_b(10^{-31}\ g/cm^3) < 3$$

ou encore :

$$0{,}011 < \Omega_b h^2 < 0{,}018.$$

Tenant compte des incertitudes sur H_0 on a :

$$0{,}01 < \Omega_b < 0{,}08.$$

Les scientifiques ont tendance à sous-estimer les incertitudes de leurs mesures. L'histoire des sciences nous en donne de nom-

Figure 8R D. Comparaison avec les observations. Cette figure est un agrandissement de la figure 8R C. Les observations sont portées sur le diagramme. Les courbes sont les résultats des calculs de nucléosynthèse. La hauteur des boîtes dénote l'incertitude des estimations d'abondance, tandis que leur base donne la fourchette de densité nucléonique (ou de nombre baryonique) compatible avec l'idée que ce noyau a été engendré dans le Big Bang. Les valeurs « raisonnables » et les valeurs « extrêmes » sont présentées par des boîtes correspondantes. Il existe, à l'intérieur de la fenêtre cosmologique des densités, un domaine, situé entre 2 et 3×10^{-31} g/cm^3, où les quatre noyaux sont formés en quantité suffisante. L'existence de ce domaine de compatibilité est une des preuves de la valeur de la théorie du Big Bang. →

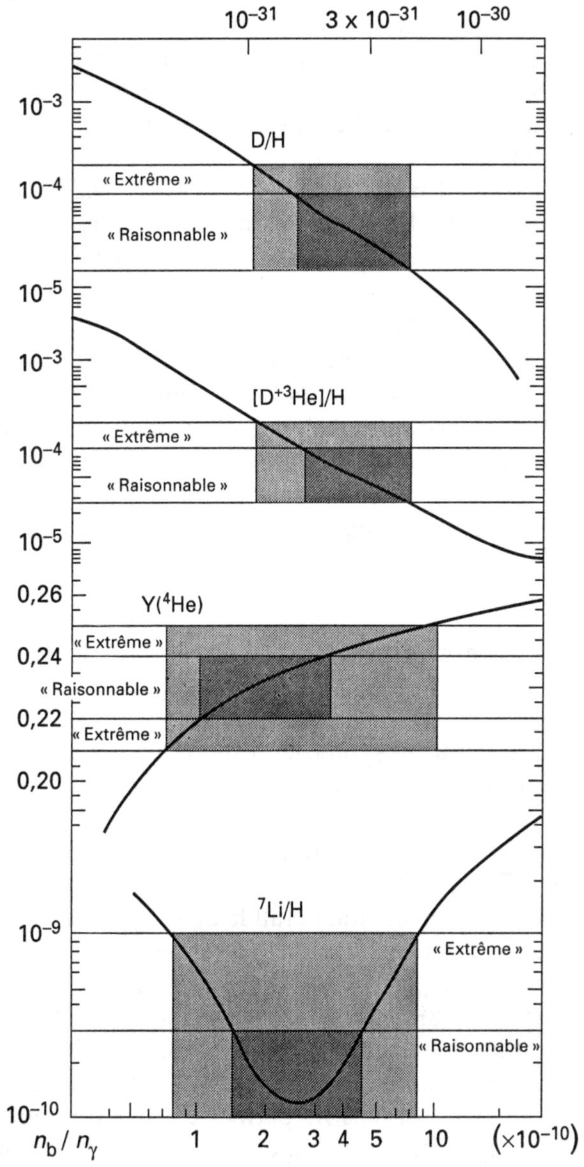

10⁻³¹
3 x 10⁻³¹
10⁻³⁰
D/H
« Extrême »
« Raisonnable »
[D+³He]/H
« Extrême »
« Raisonnable »
Y(⁴He)
« Extrême »
« Raisonnable »
« Extrême »
⁷Li/H
« Extrême »
« Raisonnable »
10⁻³
10⁻⁴
10⁻⁵
10⁻³
10⁻⁴
10⁻⁵
0,26
0,24
0,22
0,20
10⁻⁹
10⁻¹⁰
n_b / n_γ
1
2
3
4
5
10
(×10⁻¹⁰)

breux exemples. Par mesure de prudence, nous allons élargir les « boîtes d'erreurs » et tenter d'estimer à partir des observations des « limites extrêmes » qui ne risquent guère d'être dépassées. Elles sont discutées dans mon article intitulé « Nucleosynthesis of the elements Z < 6 » publié dans *Review of Modern Physics*, en janvier 1994.

Ces limites sont : $1{,}6\times10^{-5}<\mathrm{D/H}<2\times10^{-4}$; $0{,}21<Y<0{,}25$ et $1{,}0\times10^{-10}<{}^{7}\mathrm{Li/H}<10^{-9}$. Le domaine de nombre baryonique compatible est élargi à $2<\eta_{10}<10$, soit $1{,}2<\rho_b(10^{-31}\ \mathrm{g/cm^3})<6$ ou $0{,}008<\Omega_b h^2<0{,}037$. En termes de densité critique, on a maintenant[22] : $0{,}008<\Omega_b<0{,}15$.

Une conclusion s'impose puisque ($\Omega_b<1$) : il n'y a pas assez de matière baryonique pour « fermer » l'univers. Si l'univers possède la densité critique, il doit exister une composante de matière « exotique » dont la densité est au moins dix fois plus grande que celle de la matière ordinaire. Un telle composante n'a donné jusqu'ici aucun signe direct de son existence.

Implications cosmologiques

Les succès de la nucléosynthèse primordiale nous permettent de limiter sérieusement le nombre de familles supplémentaires encore indétectées.

Chaque nouvelle famille ajouterait une quantité $\Delta g(T)=1{,}75$ à la valeur de $g(T)=10{,}75$ déterminée par les trois familles déjà connues. Cette addition augmenterait la densité totale (équations (2) et (3)) et le taux d'expansion (équation (4)). La nouvelle courbe t^*_{exp} pour $g^*t_{exp}>g(T)$ se situe en dessous de la courbe standard (voir figure 8R A, p. 174). Sa rencontre avec t_{reac} se fait à une température de découplage t^*_d plus élevée. L'équation de Boltzmann (8) donne alors une quantité plus importante d'hélium.

Les abondances observées ne permettent pas d'ajouter plus d'une famille supplémentaire et, en fait, s'accommodent très bien des trois familles déjà connues. Sur cette base, la théorie prédisait, bien avant que les expériences de laboratoire ne l'aient démontré, la limitation de nombre de familles de particules élémentaires.

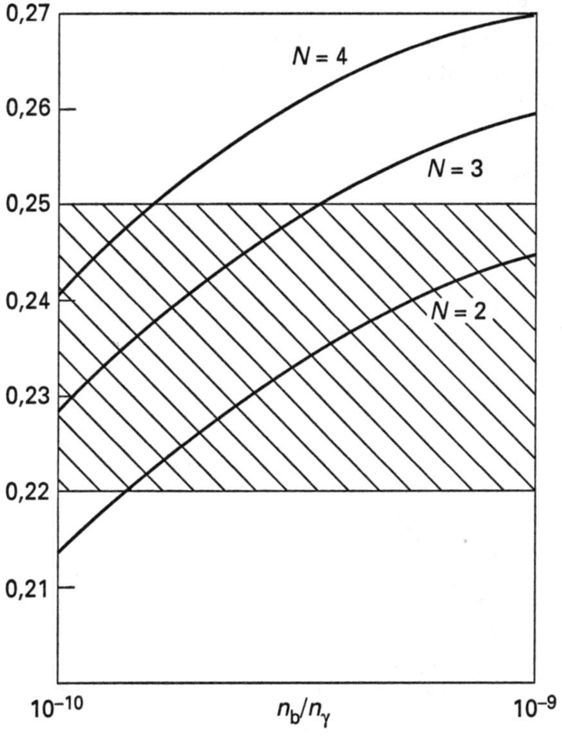

Figure 8R E. Abondance d'hélium primordial en fonction du nombre de familles de particules élémentaires. L'abondance calculée en fonction de la densité nucléonique augmente avec le nombre présumé (2, 3 ou 4) de familles de particules élémentaires. La région hachurée représente l'abondance observée d'hélium-4 avec son incertitude. Le nombre de familles n'est pas supérieur à 4.

La demi-vie de la particule Z

En laboratoire, le nombre de familles de particules élémentaires s'obtient à partir de la demi-vie de la particule Z. Rappelons que cette particule ainsi que sa collègue W (voir figure 7 B, p. 144-145) sont les particules d'échange de l'interaction faible. Sa masse est de 91 GeV (les dernières mesures donnent 91,187 GeV).

On fabrique cette particule en bombardant des électrons sur des positrons à une énergie correspondant à cette masse.

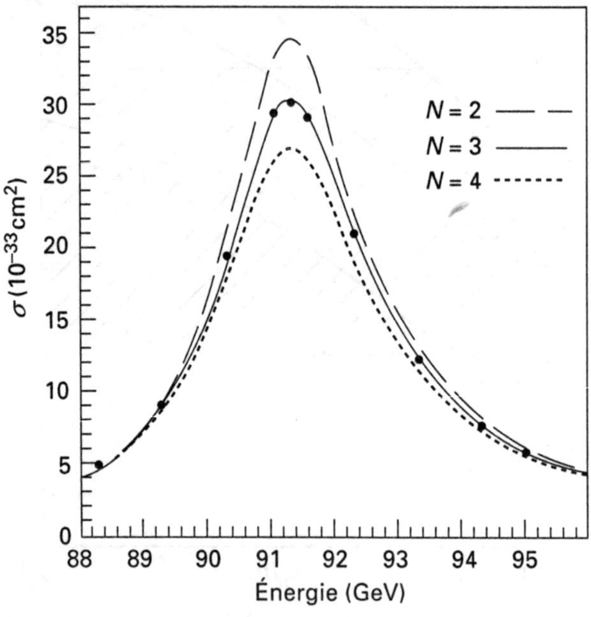

Figure 8R F. La résonance du Z_0. La section efficace (σ) de production de la particule Z_0 de masse 91 GeV, par des collisions électrons-positrons au CERN, en fonction de l'énergie des électrons. Les trois courbes montrent la distribution attendue en fonction du nombre présumé de familles de particules élémentaires. Les points noirs expérimentaux identifient la bonne valeur : $N = 3$.

La figure 8R F montre une large résonance dans la section efficace de collision entre ces particules, au voisinage de cette énergie. La présence de cette résonance indique la formation du Z au moment de ces collisions. Par le principe d'Heisenberg, la largeur ΔE de cette résonance est reliée à la durée de vie τ de cette particule ($\tau \Delta E \approx h$). La largeur observée, 2,489 GeV, donne une durée τ d'environ 10^{-24} s.

Le Z peut se désintégrer de plusieurs façons. En particulier il peut se transformer en une paire de neutrino-antineutrino de chacune des familles. La somme des taux de désintégration, dans toutes les voies possibles, est égale à l'inverse de sa durée de vie.

Même si nous ne savons pas combien de familles existent dans la nature, la particule Z le « sait ». La largeur de la résonance donne la probabilité totale de désintégration, incluant toutes les voies et donc toutes les familles existantes. Chaque famille supplémentaire donnerait un accroissement de 180 Mev (on suppose que son neutrino a une masse nulle).

La figure 8R F nous présente la forme théorique de cette résonance, supposant successivement $N = 2,3$ et 4 familles. $N = 3$ est évidemment le meilleur choix !

Quantitativement, on obtient $N = 2{,}980 \pm 0{,}027$. Que pourrait signifier une valeur fractionnelle de N ? La contribution d'une famille peut être inférieure à l'unité si la température de sa composante est inférieure à celle des photons (équation (3)), ou encore si la masse de son neutrino est élevée. D'où l'importance de déterminer N avec précision.

Le nombre N estimé par ce résultat expérimental ne couvre pas nécessairement toutes les espèces de neutrinos possibles. La physique impose quelques restrictions à la désintégration du Z. Par exemple, il ne pourrait pas se désintégrer en une paire de neutrinos dont les masses seraient supérieures à la moitié de la masse du Z (45,6 GeV). L'interaction faible ne conservant pas la parité, il ne pourrait pas non plus se désintégrer en un neutrino « droit » (si une telle particule existe). Le nombre 3 n'inclut pas ces possibilités.

La nucléosynthèse primordiale ne se contente pas de restreindre le nombre de familles de particules élémentaires. Elle nous permet de limiter le nombre d'espèces de particules *de toute origine* même si leurs constantes de couplage sont inférieures à celle de Fermi.

Imaginons une particule d'interaction $G_i << G_F$. Supposons que son découplage T_{di} se situe (équation (7)) à une température légèrement supérieure à celle de l'annihilation muon-antimuon ($T_{di} > 107$ MeV). L'énergie de cette annihilation muonique aura augmenté (par un facteur 1,3) celle des photons, des électrons et des neutrinos mais non pas celle de l'espèce i en question. En conséquence, sa contribution à la densité cosmique, calculée par l'équivalent de l'équation (9), et exprimée dans le terme $g(T)$, serait multipliée par un facteur T_i^4/T_γ^4 (photons) = 1/2,95 équivalent à un facteur additionnel de 0,3 pour N. On devrait donc trouver $N = 3{,}3$. La demi-vie du Z, correspondant à $N = 3{,}0 \pm 0{,}04$, nous permet déjà d'exclure cette hypothèse.

Le nombre leptonique de l'univers

Notre univers est manifestement très asymétrique par rapport aux nucléons. Les galaxies et les étoiles sont faites de nucléons. Les antinucléons n'existent qu'en quantités très faibles dans le rayonnement cosmique et dans les accélérateurs. Le nombre de nucléons n_b est beaucoup plus grand que le nombre d'antinucléons : $n_b >> n_{b*}$.

Par ailleurs, le nombre de nucléons est beaucoup plus faible que le nombre de photons n_γ. La nucléosynthèse primordiale nous a permis d'estimer la quantité $L_b = (n_b - n_{b*})/n_\gamma \approx \eta \approx 3 \times 10^{-10}$. Sauf à certaines périodes bien définies, correspondant à des créations de photons, ce nombre ne change pas au cours de l'expansion. Dans un chapitre ultérieur, nous nous interrogerons sur l'origine de sa valeur.

Ici, nous nous demandons ce qui en est de l'univers leptonique. Est-il également asymétrique ? Oui pour les électrons. L'absence d'effets électrostatiques dans l'univers montre que le nombre d'électrons est égal au nombre de protons. Les deux ensembles correspondent à 0,85 du nombre de nucléons (protons et neutrons).

Mais les électrons ne sont pas les seuls leptons ; il y a aussi les neutrinos. Nous verrons que le nombre de neutrinos est très voisin du nombre d'antineutrinos. Ces renseignements nous viennent encore du succès de BBN !

Tout comme le nombre baryonique, le nombre leptonique, défini par $L_l = \Sigma_i (n_i - n_{i*})/n_\gamma$ (où Σ_i est la somme sur tous les leptons), est généralement constant au cours de l'expansion. Mais, encore comme le nombre baryonique, sa valeur initiale ne nous est pas connue *a priori*. La nucléosynthèse primordiale va nous permettre d'en délimiter les valeurs compatibles avec les observations.

Cette discussion se formule en termes du potentiel chimique des neutrinos μ_ν et du rapport $\xi_\nu \equiv \mu_\nu / kT_\nu$ de ce potentiel à l'énergie thermique des neutrinos. Nous avons de bonnes raisons de penser que ce rapport ne varie pas entre le moment de la nucléosynthèse et aujourd'hui.

La distribution en énergie des neutrinos est donnée par la formule de Fermi-Dirac :

(11) $$dN_\nu \propto E_\nu^{2}\, dE_\nu / \{\exp\,[(E_\nu/kT_\nu) - \xi_\nu] + 1\}.$$

La distribution des antineutrinos est donnée par la même expression avec $\xi_{\nu*} = -\xi_\nu$. On constate que, si ξ_ν n'est pas nul, le nombre de ν est différent du nombre de ν^*. Si $\xi_\nu >> 1$, on dit que les neutrinos sont « dégénérés ».

En termes de ξ_j, le nombre leptonique d'une variété de neutrinos j s'écrit comme :

$$L_j \approx 0{,}075\ [(F_2(\xi_j) - F_2(-\xi_j)]$$

où, avec $x \equiv E_\nu / kT$:

(12) $$F_2(\xi_j) = \int_0^\infty x^2 dx \, [\exp(x - \xi_j) + 1]^{-1}.$$

Ce qui peut s'écrire :

(13) $$L_j \approx 0{,}25\,(\xi_j + 0{,}1\xi_j^3).$$

L'effet d'un potentiel chimique non nul sur la densité d'énergie des neutrinos de variété j est donné par :

(14) $$\rho(\nu_j) + \rho(\nu_j^*) = (aT_j^4/c^2)\,[7/8 + (15/4)\,\pi^{-2}\,\xi_j^2 + (15/8)\,\pi^{-4}\,\xi_j^4]$$

où a est la constante de Stefan.

Pour notre discussion, on exprimera cette densité en termes du rapport de densité entre les neutrinos et les photons :

(15) $$[\rho(\nu_j) + \rho(\nu_j^*)]/\rho_\gamma = (7/8)\,(T_j/T_\gamma)^4\,[1 + (30/7)\,(\xi_j/\pi)^2 + (15/7)\,(\xi_j/\pi)^4].$$

Dans la formulation traditionnelle de la théorie du Big Bang, on fait l'hypothèse que les neutrinos cosmiques ne sont pas dégénérés ($L_{i\nu} = 0$; $\xi_{i\nu} = 0$). La stratégie, ici, consiste à relaxer cette hypothèse et à estimer la fourchette de valeurs de ces paramètres compatibles avec les observations des abondances des noyaux cosmologiques.

Une valeur non nulle de $L_{i\nu}$ (et donc de $\xi^e_{i\nu}$ par l'équation (13)) modifierait la nucléosynthèse de deux façons différentes : *1)* l'équation (15) montre que la densité cosmique serait accrue ainsi que le taux d'expansion. Cet accroissement s'applique aux trois sortes de neutrinos ; *2)* pour le cas des neutrinos électroniques, un rôle supplémentaire leur vient de leur influence sur le rapport neutron/proton. Les nombres de ν et ν^* ne sont plus identiques, déplaçant l'équilibre entre les réactions $n + e^+ \leftrightarrow p + \nu_{e*}$ et $p + e^- \leftrightarrow n + \nu_e$. Le nouvel équilibre est alors donné par :

(16) $$n/p = \exp\{\xi_e + \Delta M(n - p)/kT\}.$$

On peut imposer des limites aux valeurs possibles des paramètres de dégénérescence ξ des neutrinos en recalculant les abondances des éléments cosmologiques en fonction de ces paramètres et en comparant avec les observations. On trouve pour la variété électronique ν_e : $-0,15 < \xi_e < 0,3$, d'où $-0,04 < L_e < 0,08$. Pour les deux autres variétés muonique et tauique, on obtient en valeurs absolues : $|\xi_j| < 3$; $L_j/ < 1,4$.

L'univers, nous le savons, contient beaucoup plus de baryons que d'antibaryons. La nucléosynthèse nous montre que tel n'est pas le cas pour les leptons. Le nombre de neutrinos est tout à fait comparable au nombre d'antineutrinos.

La constance des constantes

L'abondance primordiale de l'hélium est reliée à la valeur du rapport neutrons/protons au moment du découplage. Les équations (7) et (8) relient à leur tour la température de découplage à la valeur de la constante de Newton G_N ainsi qu'à celle de Fermi G_F. On calcule facilement, à partir de ces équations, qu'une variation de plus de 25 % dans G_N ou de plus de 6 % dans G_F entraînerait une abondance d'hélium incompatible avec les observations. On en tire une conclusion remarquable : entre le moment où l'univers était à dix milliards de degrés et aujourd'hui, sur une période qui s'étend sur quinze milliards d'années ces constantes de couplage n'ont pratiquement pas varié [23].

Des modèles cosmologiques à plusieurs dimensions supplémentaires ont été très populaires ces dernières années. Dans le cadre des théories de « supercordes », on ajoute six nouvelles dimensions spatiales aux trois qui nous sont familières. On suppose que, pendant que ces trois dernières se dilataient (engendrant ainsi l'expansion de l'univers), les six autres dimensions se recourbaient sur elles-mêmes jusqu'à atteindre un rayon de courbure voisin de la longueur de Planck. De telles dimensions ne se laisseraient observer qu'à des énergies comparables à la masse de Planck (10^{28} eV), bien au-delà de la capacité de nos accélérateurs.

Pourtant, leur existence se manifesterait indirectement par leur influence sur la valeur des constantes de la physique : elles dépendraient du rayon de courbure de ces espaces supplémentaires. L'absence de variation de ces constantes, depuis l'époque de la nucléosynthèse primordiale, nous indique que, si de telles dimensions existent (ce qui reste à démontrer), leur rayon de courbure n'a pratiquement pas varié.

Cet exemple illustre l'importance du succès de BBN et la possibilité d'utiliser ce succès comme un test des théories nouvelles.

Hélium et constantes de couplage

Dans le chapitre 7, nous avons mentionné le rôle des constantes de couplage dans l'élaboration de la complexité. Les équations (7) et (8) nous permettent de calculer l'abondance d'hélium dans un univers dont les constantes seraient différentes. On voit comment un accroissement de G_N, ou de $g(T)$, ou une diminution de G_F, pourrait augmenter la fraction primordiale d'hélium, jusqu'à l'épuisement de l'hydrogène. Dans un univers dépourvu d'hydrogène, les étoiles seraient de plus courte durée et les planètes n'auraient pas de nappe aquatique. On constate que la force faible est à la limite de la faiblesse tolérable pour assurer la présence d'une quantité d'hydrogène suffisante à l'éclosion de la vie.

De même, un accroissement de la puissance de la force nucléaire amorcerait la nucléosynthèse primordiale avant le découplage faible, entraînant également l'épuisement de l'hydrogène. Ajoutons qu'un affaiblissement de cette même force entraînerait l'instabilité du deutérium, freinant ainsi le processus de transformation de l'hydrogène en hélium qui assure aux étoiles leur longévité sur la Séquence principale.

Cette analyse nous confirme à nouveau le « réglage fin » des constantes de la physique par rapport à l'apparition de la complexité dans notre univers (voir chapitre 2).

Limites à l'accroissement d'entropie cosmique depuis la nucléosynthèse primordiale

L'entropie par nucléon du rayonnement fossile est inversement proportionnelle au nombre baryonique η. On peut obtenir une limite inférieure à la valeur de η dans l'univers contemporain en divisant la densité numérique des nucléons de la matière lumineuse par le nombre de photons dans le rayonnement fossile. On obtient $\eta_{\text{aujourd'hui}} > 5 \times 10^{-11}$. D'autre part, le succès de la BBN nous permet d'obtenir une limite supérieure à ce nombre à $T = 10^9$ K : $\eta_{\text{BBN}} < 10^{-9}$.

Comme on le verra plus tard, plusieurs théories contemporaines, en particulier dans le cadre des épisodes inflationnaires, font état de phases de réchauffement de l'univers. Ces épisodes sont créateurs d'entropie. Le rapport de ces deux nombres, $\eta_{\text{BBN}}/\eta_{\text{aujourd'hui}} < 20$, nous donne une mesure de l'accroissement maximal résultant de tous les phénomènes créateurs d'entropie depuis cette période. Ce rapport est proportionnel à la troisième puissance du rapport des températures avant et après l'épisode : donc $T_{\text{après}}/T_{\text{avant}} < 2{,}7$. Le réchauffement ne peut être que modeste.

9. Le problème de l'origine des galaxies

Nous voici parvenus au terme de notre premier parcours. Nous avons remonté le temps jusqu'à la première seconde (à l'échelle conventionnelle).

Nous avons admiré les prouesses de la théorie du Big Bang. Elle a d'abord prédit l'existence du rayonnement fossile de photons. On peut identifier l'émission millimétrique, détectée en 1965 par Penzias et par Wilson, avec l'ensemble des photons émis au moment où l'univers est passé de l'opacité à la transparence. Avec une précision époustouflante, les dernières observations du satellite COBE ont confirmé cette identification. Elle nous permet d'affirmer que l'univers a atteint, dans le passé, une température d'au moins trois mille degrés. Cette époque se situe environ quinze milliards d'années avant le moment présent.

Deuxième prouesse de la théorie : elle nous fournit une explication crédible de l'origine et de l'abondance de quelques atomes légers : l'hydrogène, l'hélium et l'isotope lourd du lithium. La période d'activité nucléaire à l'échelle du cosmos qui leur a donné naissance se situe environ un million d'années avant l'émission du rayonnement fossile.

Dans ce cadre, la théorie fait encore deux estimations importantes : la densité de matière nucléonique (la matière « ordinaire ») du cosmos et le nombre de familles de particules élémentaires. La première estimation est tout à fait compatible avec les données astronomiques. La seconde est confirmée ultérieurement par les expériences du CERN à Genève.

Nous avons noté au passage d'autres succès du Big Bang :

l'observation des galaxies nous a révélé le caractère évolutif de notre univers ; les objets lointains n'ont pas les mêmes propriétés moyennes que les plus rapprochés ; le paysage céleste change avec la distance et donc avec le temps ; la durée imprime sa marque sur les distributions et sur les couleurs des galaxies.

Rappelons encore que le modèle du Big Bang découle tout naturellement de la théorie d'Einstein. La relativité générale pose en effet de graves difficultés à l'idée même d'univers statique.

L'origine des galaxies

Nous allons maintenant aborder un autre versant de notre sujet : les points faibles du Big Bang. Une théorie est en difficulté quand ses prédictions ne collent pas avec les observations. Tel n'est pas le cas du Big Bang. Quand les calculs sont possibles et fiables, ils ne sont jamais en désaccord avec les mesures. Le rayonnement fossile et la nucléosynthèse primordiale en sont des exemples rassurants.

Les difficultés du Big Bang sont d'un autre ordre. Les deux derniers chapitres de ce livre leur sont consacrés. Sans remettre en cause l'ensemble du scénario, elles nous envoient un message clair : de nombreux éléments sont encore largement au-delà de notre compréhension. Beaucoup de pages sont encore blanches. La *terra incognita* est immense. La prudence et la modestie s'imposent.

Notre premier problème porte sur l'origine et la croissance des galaxies. Notre univers contemporain est manifestement très inhomogène. De grands écarts existent entre les températures du cosmos : le fond du ciel est à trois degrés K, tandis que certains cœurs stellaires atteignent plusieurs milliards de degrés !

Telle n'est pas la situation aux premiers temps de l'univers. La purée primitive est extrêmement isotherme. Les variations de température entre différentes régions du ciel ne dépassent pas une partie dans cent mille ! Comment la matière cosmique est-elle passée de cette quasi parfaite homogénéité des débuts aux très grandes inhomogénéités contemporaines ?

Le scénario le plus vraisemblable, présenté au chapitre 5, fait intervenir des « germes » de galaxies. Reprenons-le brièvement. Imaginons que la purée homogène primordiale ait hébergé de minuscules fluctuations de densité (des régions, où la densité est un tout petit peu plus élevée que la moyenne). Par leur champ de gravité, les régions surdenses attirent vers elles les matières environnantes. Celles-ci s'en approchent et s'y joignent, augmentant encore leurs surdensités et, en conséquence, leurs pouvoirs attractifs. Cet effet « boule de neige » vide progressivement l'espace entre les germes, accentuant continuellement les contrastes de densité de la purée primordiale. De là seraient nées toutes les grandes structures de l'univers.

A première vue, ce mécanisme semble adéquat. Il pourrait expliquer la « germination » des galaxies dans l'espace intergalactique et, plus tard, la « germination » des étoiles dans les galaxies. Pourtant, il y a de sérieux problèmes…

D'abord, le point de départ. Il faut des « germes », des inhomogénéités primordiales, aussi petites soient-elles. Quelle pourrait être la cause de ces surdensités, sans lesquelles rien ne se passerait ? Nous laissons ce problème en suspens pour l'instant.

Trop peu de temps

L'évolution des galaxies, notons-le, va à contre-courant de celle de l'univers. La matière galactique doit arriver à se condenser dans un monde en expansion. C'est la densité, rappelons-le, qui contrôle les vitesses d'éloignement (voir figure 5 E, p. 74). Des univers très légers se dilateraient rapidement, sans freinage. Les galaxies n'arriveraient pas à s'y former. Dans des mondes plus denses, la récession serait progressivement ralentie par la gravité. Le mécanisme pourrait se mettre en marche.

En fait, deux éléments s'opposent à la condensation de matière sur le germe galactique. En plus du mouvement général d'expansion, il y a la pression thermique. Ils tendent tous les deux à étaler le germe dans l'espace Au début, la croissance est laborieuse et lente. Il faut du temps, beaucoup de temps, pour transformer une surdensité infime en une somptueuse galaxie. Entre le Big Bang et aujourd'hui le temps n'est pas suffisant pour mener cette opération à terme. C'est le premier problème [24].

Voyons cela de plus près. Remplaçons d'abord l'échelle de temps par une échelle de température, beaucoup plus appropriée à décrire les phénomènes physiques. Aux premiers temps de l'univers, les galaxies ne peuvent pas se former. Le rayonnement intense s'oppose avec succès aux efforts de la force de gravité. Il empêche l'accumulation de la matière. Rien ne se passe quand l'univers est opaque aux photons. Il faut attendre la fin de l'ère radiative. Celle-ci prend fin quand le plasma d'électrons et de protons se transforme en hydrogène, au moment de l'émission du rayonnement fossile à 3 000 K.

La contraction peut alors se mettre en marche. Au début, l'embryon galactique se distingue à peine du milieu environnant. Son champ de gravité est très faible ; l'accumulation de matière démarre lentement. Cette première phase, appelée « phase lente », se termine quand la densité locale a plus ou moins doublé. L'effet « boule de neige » accélère alors le processus et provoque une véritable avalanche. L'accumulation se poursuit jusqu'à l'achèvement de la galaxie, à une densité un million de fois supérieure à la densité du milieu intergalactique. C'est la « phase rapide ».

C'est la phase lente qui pose problème. Pour l'apprécier, il nous faut utiliser un résultat simple obtenu à partir d'une physique beaucoup moins simple. On montre que le contraste de densité augmente proportionnellement à la chute de température du rayonnement fossile. Pendant que la température tombe d'un facteur dix, le contraste augmente d'un facteur dix. Entre le moment de cette émission (3 000 K) et aujourd'hui (3 K), la température du rayonnement fossile est tombée d'un facteur de mille. En conséquence, la surdensité de l'embryon n'a pu s'accroître, au mieux, que d'un facteur mille[25].

Le problème vient du fait que les surdensités observées dans le rayonnement fossile ne dépassent pas le cent-millième. Multipliées par mille, elles ne devraient guère dépasser un centième aujourd'hui ! Dans ce cas de figure, la phase lente ne serait pas encore terminée et les galaxies ne seraient pas encore nées ! Pourtant, les photos du ciel nous le prouvent : les galaxies sont là et depuis longtemps...

D'où la conclusion : l'effet gravitationnel, *tel que décrit ici*, est trop lent. Quelque chose d'autre doit intervenir pour accélérer le processus. Mais quoi ?

La matière sombre accélère la germination des galaxies

La notion de « masse sombre » a été présentée au chapitre 5. Pour expliquer les vitesses des étoiles dans les galaxies ainsi que celles des galaxies dans leurs amas, il nous a fallu supposer l'existence d'une importante composante de matière invisible. Sa densité serait d'environ 10 % de la densité critique.

De nombreux astrophysiciens pensent que la quantité de masse sombre pourrait être beaucoup plus élevée. Il pourrait y en avoir suffisamment pour donner à l'univers la densité critique. Une telle densité aiderait à résoudre notre problème ; elle accélérerait la germination des galaxies. C'est là une des raisons de la popularité de cette thèse. Adoptons-la provisoirement.

Les résultats de la nucléosynthèse primordiale (voir p. 188) nous montrent que cette composante présumée ne peut pas être de nature ordinaire (nucléonique).

L'univers contiendrait alors une composante majeure de matière « exotique » de nature inconnue. Sa densité serait de 90 % de la densité critique ! De quoi pourrait-il bien s'agir ? On a parlé d'un foisonnement de neutrinos ou d'autres particules plus ou moins étranges. Des travaux se poursuivent, un peu partout dans le monde, pour détecter cette matière insolite et en découvrir les propriétés. Aucun résultat tangible n'a été obtenu. De toute évidence, cette composante, très discrète, ne se laisse pas facilement débusquer. Elle interagit très peu avec la matière ordinaire. Sinon on l'aurait déjà détectée et identifiée !

Comment cette matière hypothétique pourrait-elle accélérer la germination des galaxies ? Sa « discrétion » va devenir un avantage. L'action des photons, rappelons-le, neutralise toute tentative de condensation de la matière ordinaire (électrons, protons) avant l'émission du rayonnement fossile. Mais la matière exotique interagit très peu avec la lumière (sinon, encore une fois, on l'aurait déjà détectée). Soumise à sa propre gravité, rien ne l'empêche de commencer sa propre accumulation *avant* la formation des atomes d'hydrogène à 3 000 K ! Voilà l'astuce !

Cette condensation précoce aurait eu pour effet d'émailler l'espace d'une collection de « poches » exotiques surdenses. Ces poches discrètes serviraient de noyaux de condensation pour les futures structures, sans pour autant perturber l'isothermie du ciel. Plus tard, après l'émission du rayonnement fossile, la matière ordinaire pourrait y « tomber ». Cette chute accélérerait considérablement la germination des galaxies.

Dans cette hypothèse, la matière exotique jouerait un double rôle cosmologique. D'une part, elle donnerait à l'univers la densité critique (à la grande satisfaction de ceux qui y croient). D'autre part, elle expliquerait la naissance des galaxies. Qui dit mieux ? On aimerait bien qu'elle existe ! Mais encore conviendrait-il qu'elle manifeste sa présence !

Des poches de neutrinos

On a beaucoup compté sur les neutrinos. Sur le plan de la discrétion, ils sont impeccables. Leur interaction avec le reste du monde est suffisamment faible pour leur mériter le qualificatif de « sombre ».

La théorie du Big Bang affirme l'existence d'un rayonnement de neutrinos fossiles (chapitre 8) analogue au rayonnement de photons observé par Penzias et par Wilson (chapitre 6). Il y en aurait environ 450 par centimètre cube. Ce gaz de neutrinos, dispersé uniformément dans l'univers, pourrait-il constituer la composante exotique dont rêvent les cosmologistes ?

La réponse serait oui, pourvu que les masses individuelles de ces particules soient suffisamment élevées. Pour donner à l'univers la densité critique, il leur faudrait une masse d'une trentaine d'électronvolts.

Rappelons que les neutrinos existent en trois variétés : les neutrinos électroniques, muoniques et tauiques. Deux variétés, au moins (dont les neutrinos électroniques), ne semblent pas avoir une masse suffisante. Il ne faut pas compter sur eux pour « fermer » l'univers.

La troisième variété ferait-elle l'affaire ? Des expériences sont en cours. Avec un peu de chance…

La recherche de la matière exotique

Pourtant, ces neutrinos, même s'ils avaient le bon goût de posséder la masse attendue, ne seraient pas pour autant la solution à tous nos maux. Le problème vient de la vitesse à laquelle ils se meuvent dans l'espace. A cause de leur faible masse, les neutrinos cosmiques vont toujours très vite, pratiquement comme la lumière. Rassemblés momentanément en un lieu de l'espace, ils diffusent rapidement dans tous les sens. Une poche de neutrinos s'étale très vite. Elle devient rapidement trop grande pour donner naissance à une galaxie. A la rigueur, elle pourrait amorcer la formation des structures géantes du cosmos – superamas, « bulles » et « murs » de galaxies – mais pas celle des galaxies individuelles.

Il vaut mieux faire appel à une matière exotique moins rapide, composée, par exemple, de particules massives, beaucoup plus lentes. Les poches s'étaleraient moins vite. En conséquence, cette matière serait plus propice à la formation de structures galactiques. Dans le jargon des astrophysiciens, une telle composante hypothétique se nomme « matière sombre froide ».

Notons en passant le rapport que le problème de l'origine des galaxies pose entre « l'infiniment petit » et « l'infiniment grand ». Une particule très peu massive, par exemple un neutrino, ne peut engendrer que de très grandes structures, dont les dimensions se mesurent en dizaines de millions d'années-lumière. Pour accélérer la germination des galaxies individuelles, dont les dimensions ne dépassent pas la centaine d'années-lumière, des particules beaucoup plus massives semblent nécessaires. Les propriétés des particules élémentaires influencent celles des galaxies !

Scénario de matière sombre

Il ne suffit pas d'imaginer l'existence de telles particules exotiques, rapides ou lentes, il faut encore montrer qu'elles existent et les détecter au laboratoire !

La situation n'est pas sans précédent. En 1934, la désintégration de certains isotopes radioactifs met en évidence l'existence de phénomènes pour le moins étonnants. Une partie de l'énergie semble disparaître pendant l'événement ! Pour « sauver » la sacro-sainte loi de la conservation de l'énergie, Wolfgang Pauli propose alors l'existence d'une particule invisible qui emporte discrètement l'énergie manquante : le neutrino. Environ vingt ans plus tard, on le détecte au laboratoire, tel qu'il avait été prévu par Pauli.

Depuis quelques années, plusieurs expériences de laboratoire tentent de détecter et d'identifier les particules de la composante sombre. Les théoriciens, de leur côté, suggèrent l'existence de particules spécifiques, rapides ou lentes, qui pourraient bien jouer le rôle de matière exotique, chaude ou froide. Aujourd'hui, en 1994, rien ne se profile à l'horizon des laboratoires mais les explorations se poursuivent et le moral est bon…

Où en sommes-nous aujourd'hui face au problème de l'origine des galaxies ? La matière sombre, à supposer qu'on la découvre, suffit-elle vraiment à la tâche ?

Ces derniers temps, de nombreux programmes d'exploration du cosmos à grande échelle ont été mis en œuvre. On fait des cartes du ciel à trois dimensions. Chaque galaxie, chaque amas de galaxies y sont répertoriés et disposés à leur place. Les positions des galaxies ne sont pas réparties au hasard (voir la figure 9 A dans le hors-texte). Elles se regroupent en forme de filaments, de « bulles » et de « murs ». On mesure leurs vitesses par rapport à leurs voisines (en soustrayant la composante universelle d'expansion). On fait des analyses statistiques sur la répartition des types de galaxies (spirales, elliptiques, irrégulières).

Le théoricien construit alors un programme de calcul numérique. Il suppose, au départ, un univers quasi homogène incorporant les faibles surdensités observées par le satellite COBE. Puis il laisse les lois de la physique gouverner l'évolution. Finalement, il compare les univers théoriques ainsi calculés avec l'univers réel, cherchant à reproduire simultanément toutes les données d'observation.

Y arrive-t-il ? Oui, plus ou moins bien. Mais à condition d'injecter dans son programme un cocktail assez hétéroclite d'éléments primordiaux. Il y met ce qu'il faut de matière sombre, chaude et froide, assaisonnée au besoin d'un peu de constante cosmologique. La situation n'est guère reluisante. On espère que des observations subséquentes éclairciront et surtout simplifieront la situation. Et la matière sombre, chaude ou froide, manque encore à l'appel[26]. Force nous est de reconnaître que nous n'avons pas encore de théorie satisfaisante de l'origine des galaxies…

Peut-on considérer cette difficulté comme une remise en cause du Big Bang ? Je ne le crois pas. Le Big Bang n'est pas une théorie achevée. C'est un territoire d'exploration dans lequel de nombreuses régions restent encore à cartographier... Le prochain chapitre portera plusieurs autres difficultés à notre considération.

10. Les propriétés du cosmos primordial

Les pages précédentes ont illustré pour nous un des problèmes du Big Bang : mener à son terme la germination des galaxies. Il y a en plusieurs autres. Ils feront l'objet de ce chapitre. Il est difficile d'en évaluer correctement la nature et la gravité. Plutôt que de « problèmes » au sens ordinaire du mot, il vaudrait mieux parler d'« énigmes ».

La théorie du Big Bang, rappelons-le, est un modèle cosmologique qui prétend décrire la structure et l'évolution du cosmos [27]. Son projet est de considérer le cosmos comme un « objet » et de l'étudier avec les méthodes traditionnelles de la physique.

Est-il raisonnable d'appliquer à *l'univers dans son ensemble* une méthode développée et légitimée sur des systèmes *inclus dans l'univers* ? Le chercheur répond : « Essayons toujours ! Nous verrons bien… » L'ensemble des résultats positifs décrits dans les chapitres précédents ne sont pas sans conforter sa témérité !

Ce projet, pourtant, risque de rencontrer quelques difficultés. D'une part, l'univers est unique. Pas question de le comparer à d'autres univers. Pas de méthodologie comparative. Le chercheur est privé des concepts si utiles de la théorie des probabilités (valeurs moyennes, corrélations, etc.). Cette situation n'est pas nouvelle, on la rencontre déjà dans l'étude de l'origine du système solaire ou de la vie sur la Terre.

Le problème des données initiales

Difficulté plus grave encore : l'observateur fait partie du système qu'il prétend étudier. Contrairement au botaniste penché sur son herbier, il ne peut pas s'en extraire et le percevoir de l'extérieur. Sa situation pose le problème des « données initiales ».

Un exemple nous servira à l'illustrer. Un physicien cherche à calculer la trajectoire d'une flèche. Deux types de renseignements lui sont indispensables. D'abord connaître la *loi* qui régit le mouvement : ici, la loi de Newton. Ensuite, les *données initiales* de la trajectoire : l'angle de départ de la flèche, ainsi que la tension imprimée à l'arc par l'archer.

La loi de la gravité est une loi universelle mais les données initiales (angle, tension) sont anecdotiques. Elles relèvent d'une situation antécédente. L'archer avait sans doute ses raisons. Mais elles sont extérieures au problème. Le physicien n'a pas à les « expliquer ». Il les prend comme telles. Pourtant, pour la solution du problème, elles sont *aussi* importantes que la connaissance de la loi du mouvement. Les deux éléments – loi universelle et données initiales anecdotiques – sont les éléments essentiels à la solution des problèmes physiques.

Prenons maintenant le problème de l'archer dans l'autre sens. Observant l'arrivée de la flèche, on peut, par calcul, remonter le temps et déterminer, à rebours, l'angle et la tension choisis au départ. La situation du cosmologiste est d'une nature semblable. Il observe l'univers tel qu'il est maintenant. A partir des lois de la physique, il cherche à retracer les « données initiales » qui l'ont amené à être ce qu'il est aujourd'hui. Comment devait-il être « au début » pour se présenter maintenant tel que nous l'observons ?

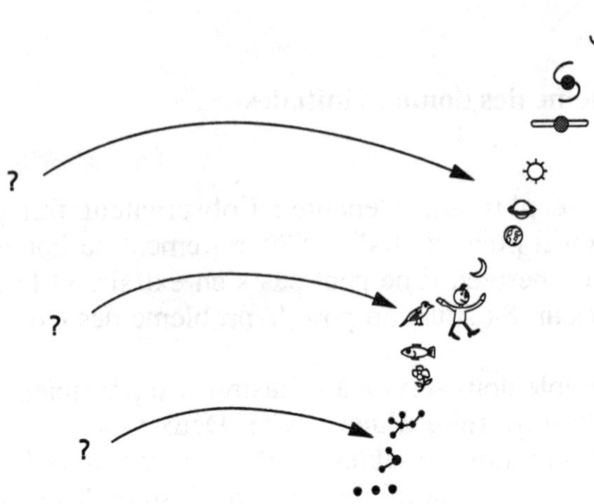

Figure 10 A. La « flèche de l'univers ». Observant l'arrivée de la flèche sur la cible, le physicien peut calculer les « données initiales » (tension et orientation), choisies par l'archer, qui lui ont permis d'arrivée là où il la voit.
Examinant l'univers, le cosmologiste cherche à identifier les « données initiales » qui lui ont permis de prendre son visage contemporain. Puis il pose la question : pourquoi ce choix de données ?

Entre le problème de la flèche et celui de l'univers, il y a pourtant une différence fondamentale. Impossible au physicien de prétendre que les données initiales ne sont pas « son » problème. En cosmologie, il n'y a pas de contexte extérieur où les conditions initiales puiseraient leur causalité. Rien n'est « en dehors » de l'univers.

Pourquoi ces données sont-elles ce qu'elles sont plutôt qu'autrement ? Le physicien voudrait y « injecter » de la causalité. Malgré d'immenses efforts, cette question reste largement en suspens. Les réponses, à ce jour, demeurent maigres et, au total, assez peu convaincantes.

Le cosmologiste, répétons-le, cherche à déterminer quelle devait être la structure du cosmos dans le lointain passé aux températures extrêmes, pour que, sous l'influence des lois de la physique, il ait évolué vers son état présent. Une surprise l'attend. Ces données de départ présentent des caractéristiques tout à fait étonnantes. En peu de mots, elles sont toujours « les plus petites possibles ». Tout se passe comme si l'univers avait une affection particulière pour les valeurs minimales. Ces termes s'expliciteront d'eux-mêmes dans les paragraphes qui suivent.

L'isotropie du rayonnement fossile

Les données d'observation qui posent problème peuvent être considérées comme autant de fossiles cosmologiques. Nous en avons déjà rencontré plusieurs. Chacune à sa façon nous ramène à la question des données initiales du cosmos.

Revenons d'abord au rayonnement fossile présenté au chapitre 6. Sa température, mesurée par le satellite COBE, est pratiquement la même dans toutes les directions du ciel. Les écarts observés ne dépassent pas une partie dans cent mille sur l'ensemble de la sphère céleste. Cette extraordinaire isotropie est porteuse d'une information précieuse sur l'état de l'univers antique : la matière y était extrêmement homogène.

Horizons et causalité

Cette quasi parfaite isothermie du cosmos ancien est pour le moins surprenante. Pourquoi ? Il ne s'agit pas d'un désaccord entre théorie et observation ; aucune loi n'interdit cette situation. Elle pose le problème des « horizons ». Pour bien le percevoir, il nous faut d'abord parler de « causalité ».

Dans son sens habituel, cette notion implique qu'un « effet », produit par une « cause », ne peut pas précéder cette cause. Il doit lui être postérieur. La théorie de la relativité ajoute une contrainte supplémentaire : elle exige un délai temporel entre la cause et l'effet. Ce délai est modulé par la vitesse avec laquelle la « cause » se propage dans l'espace. Cette vitesse ne peut dépasser celle de la lumière.

Une lampe s'allume. L'illumination des objets environnants n'est pas immédiat. Il faut que la lumière voyage jusqu'à eux. Cela prend un certain temps. Quand, au moment d'une éruption solaire, un flash se produit à la surface du Soleil, il faut huit minutes avant de l'observer sur la Terre. Les Martiens ne le verront que cinq minutes plus tard. Pour les Jupitériens, quarante minutes seront requises.

Cette séquence nous permet de visualiser une notion très importante : la « sphère de causalité » d'un événement (voir la figure 10 B dans le hors-texte). Cette sphère imaginaire contient tous les lieux à partir desquels, à un instant donné, on peut avoir perçu l'événement. Elle s'étend avec le temps. Son rayon croît avec la vitesse de la lumière. Après deux millions d'années, le flash solaire pourrait, en principe, être perçu de la galaxie d'Andromède située à deux millions d'années-lumière. Cette galaxie « entrerait » alors dans la sphère de causalité de cette éruption.

Le rayonnement fossile a été émis, rappelons-le, au moment où les atomes d'hydrogène se sont formés. A cette époque l'univers avait un million d'années. La sphère de causalité des particules émettrices de ce rayonnement s'étendait alors sur un million d'années-lumière. (En fait, un peu plus, à cause de l'expansion. Mais, pour l'instant, ne compliquons pas le problème inutilement.) D'au-delà de cette limite, aucune influence extérieure n'avait pu leur parvenir.

La situation est illustrée sur la figure 10 C. Le satellite COBE, placé conventionnellement au centre du dessin, observe le rayonnement fossile provenant de la voûte céleste. Le grand cercle indique l'emplacement, à quinze milliards d'années-lumière, des particules émettrices isothermes. Les petits cercles dessinent les sphères de causalité de ces atomes au moment de

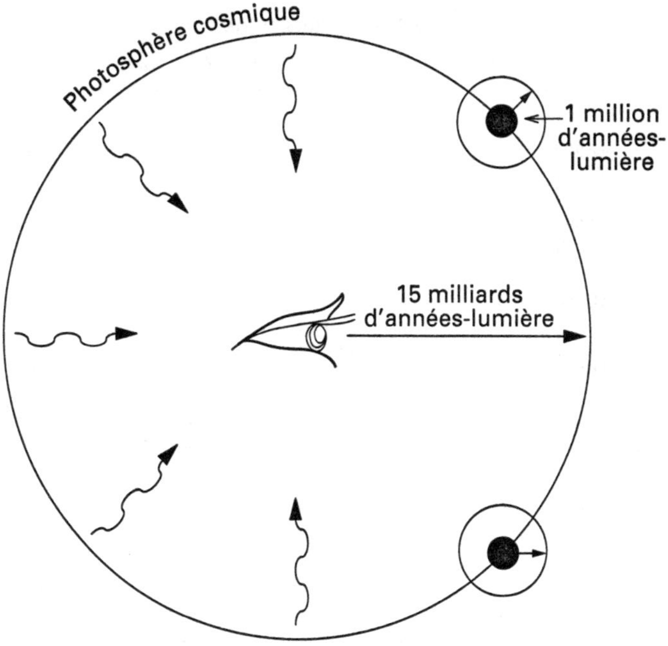

Figure 10 C. L'isothermie du rayonnement fossile. Le satellite COBE observe le rayonneme 1t fossile provenant de la voûte céleste. La température ne varie pas de plus d'une partie dans cent mille. La sphère de causalité des particules émettrices du rayonnement fossile a un rayon d'un million d'années-lumière. Elle ne couvre qu'une partie infime de la voûte céleste contemporaine. Les particules des différentes régions du ciel n'avaient jamais été en contact les unes avec les autres au moment de cette émission.

l'émission. Ces sphères sont loin de se recouvrir ! Pourtant, tous ces atomes étaient à la même température...

L'isothermie du ciel nous impose une conclusion : des atomes situés hors de leur sphère de causalité mutuelle avaiei.., à cette époque, des températures quasi identiques.

D'où la question : comment (par quelle influence physique) ces atomes ont-ils pu se mettre à l'unisson thermique ? Comment expliquer leur thermalisation au-delà de leur sphère de causalité ?

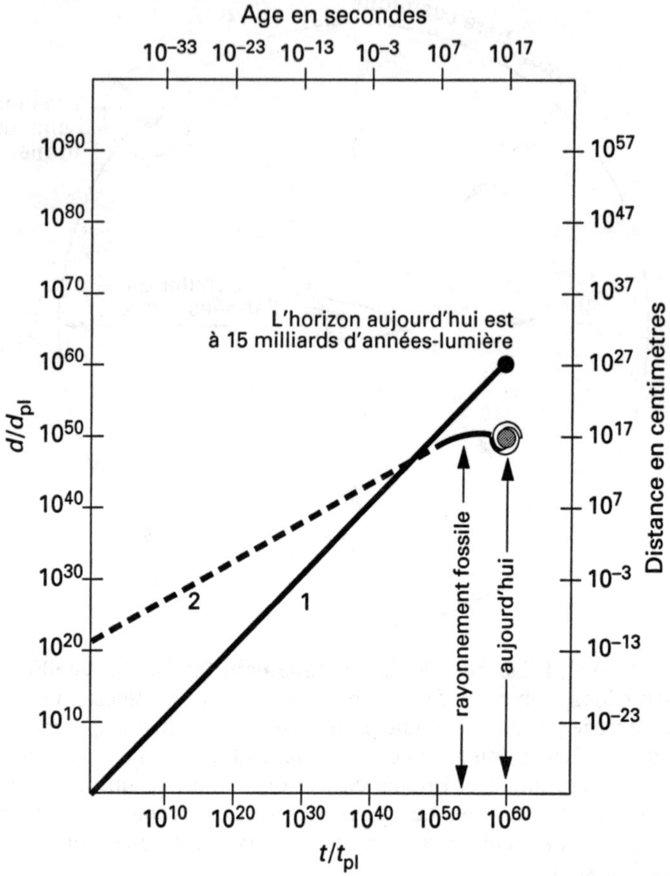

Figure 10 D. La naissance de notre galaxie. La droite n° 1 présente la croissance de l'horizon causal depuis la naissance de l'univers. Il atteint quinze milliards d'années-lumière. Il donne la dimension de l'univers observable aujourd'hui.
Aux premiers temps de l'univers, la masse de matière qui allait devenir notre galaxie (la « protogalaxie ») était distribuée uniformément dans un volume d'espace soumis à l'expansion. La courbe 2 décrit sa croissance. Après l'émission du rayonnement fossile, cette masse se condense sur elle-même et se stabilise dans ses dimensions présentes.

Entendons-nous bien. Rien, dans la théorie, n'interdit aux températures du cosmos ancien d'avoir été les mêmes partout, au lieu de différer de place en place. Plutôt que d'un problème, il s'agit d'une « énigme ». Ou d'une curieuse « coïncidence ». On voudrait trouver une explication. Les physiciens, par métier, cherchent à assigner des causes aux effets qu'ils observent. Dans l'esprit du chapitre 3, on peut considérer l'isotropie du rayonnement millimétrique à 3 K comme un fossile en quête d'interprétation.

L'histoire de la Voie lactée

Dans sa première phase, la germination des galaxies est lente, trop lente, à première vue, pour les amener à terme en un temps suffisant. Tel est le problème que nous avons évoqué et étudié au chapitre précédent. Mais la naissance des galaxies et des grandes structures du cosmos pose un autre problème : celui des horizons.

Suivons, par la pensée, l'histoire de la matière (une centaine de milliards d'étoiles) qui va devenir notre Voie lactée. Au début, le (petit) volume qui renferme cette masse croît avec l'expansion. La figure 10 D en montre l'évolution depuis les tout premiers temps de l'univers. Après une longue période de croissance, ce volume se stabilise après l'émission du rayonnement fossile, et la galaxie prend sa forme définitive. Sa dimension est d'environ cent mille années-lumière. Aujourd'hui, l'expansion éloigne les galaxies les unes des autres mais ne gonfle plus leurs volumes individuels.

Le diagramme montre que dans le passé la dimension de la protogalaxie était plus grande que l'horizon causal.
Les distances (axe vertical) sont données en centimètres à droite, et en longueurs de Planck (d_{pl}) à gauche.
Les temps (axe horizontal) sont donnés en secondes en haut, et en temps de Planck (t_{pl}) en bas.

L'âge de l'univers est d'environ quinze milliards d'années. Le rayon de l'univers observable (rayon de causalité) est donc de quinze milliards d'années-lumière. On ne peut pas voir plus loin. Les signaux lumineux émis au-delà de cette distance n'ont pas eu le temps de nous parvenir.

Ce rayon de causalité augmente avec le temps ; chaque année il croît d'une année-lumière. Tel qu'il est illustré dans le dessin, il progresse *plus vite* que l'expansion. Quand l'univers était âgé de quelques heures, la matière de la future Voie lactée s'étendait bien au-delà de sa sphère causale. La signification est simple : aucune force physique n'aurait pu agir sur cette matière dans son ensemble. Plus on recule dans le temps, plus la situation se détériore. Au temps 10^{-35} secondes, la masse de la future galaxie s'étendait sur dix microns (10^{-3} cm) alors que l'horizon n'atteignait que 10^{-25} cm. Le volume contenant la future masse galactique était 10^{66} (1 avec 66 zéros) fois plus grand que la sphère causale !

Selon notre scénario favori, les galaxies naissent à partir de minuscules surdensités, agissant comme des germes de croissance gravitationnelle. Nous nous sommes déjà interrogés sur leur origine. Quelle peut être la cause physique de ces petites fluctuations ?

A cette question nous en ajoutons maintenant une autre : quel phénomène physique pourrait expliquer la formation d'une fluctuation débordant à ce point sa propre sphère de causalité ? Bien sûr, rien ne nous interdit de considérer cette fluctuation comme « déjà là », comme une donnée initiale. Mais, là encore, on voudrait creuser un peu plus loin.

La planéité de l'espace

La surface de la Terre a longtemps paru plane aux êtres humains. L'astronome Ératosthène en a détecté et mesuré la courbure quelques siècles avant Jésus-Christ. L'histoire vaut la peine d'être racontée. Une rumeur, provenant de Thèbes en Égypte (maintenant Assouan), voulait que le Soleil y pénètre jusqu'au fond des puits le 21 juin à midi. Tel n'est pas le cas à Alexandrie où vivait Ératosthène. Il en conclut que la Terre est ronde. Un voyage à Thèbes lui permis de vérifier le bien-fondé de cette rumeur. Mesurant l'angle du Soleil le 21 juin à Alexandrie, et ainsi la distance Alexandrie-Thèbes, Ératosthène calcula, le premier, le rayon de la Terre. Son estimation est correct à 10 %, un résultat tout à fait remarquable pour l'époque. Les observations des satellites, en photographiant la Terre de l'espace, se sont chargées de dissiper les derniers doutes quant au caractère sphérique de notre planète.

La surface de la Terre est un espace courbe à deux dimensions. Qu'en est-il de l'espace à trois dimensions, celui dans lequel nous vivons ? La théorie de la relativité admet la possibilité que cet espace cosmique soit courbe (voir figure 5 J, p. 88) !

Cette courbure, bien sûr, échappe à notre imagination. Nous n'avons aucun moyen de la représenter. Pourtant, les moyens de la détecter ne manquent pas. Elle se manifesterait, par exemple, sur les comptages de galaxies lointaines. De même que les mesures d'Ératosthène lui ont donné le rayon de la Terre, les comptages de galaxies pourraient nous permettre de détecter la courbure de l'espace à trois dimensions. Si elle existe !

Les essais furent nombreux mais les résultats de pauvre qualité. On n'a jamais pu détecter l'existence d'une courbure spatiale. Un espace plan, où les parallèles ne se rencontrent jamais, correspond à un rayon de courbure infini. Le « rayon de courbure » de l'univers est certainement supérieur à plusieurs milliards d'années-lumière. Il n'est pas exclu que la géométrie de notre univers soit vraiment plane (euclidienne) (voir p. 115).

Rappelons (chapitre 5) que la courbure de l'espace est reliée à la densité de la matière dans l'univers. La densité estimée du cosmos est comprise entre 10 % et trois fois la densité critique. Un univers de densité exactement critique serait plan. Le nôtre n'en est certes pas loin.

Nous en venons maintenant au point qui pose problème. La théorie du Big Bang affirme que la courbure de l'espace augmente avec le temps. Quelle que soit sa valeur aujourd'hui, elle était plus faible dans le passé.

L'effet est impressionnant. Au moment de l'émission du rayonnement fossile, l'écart à la planéité était inférieur à une partie dans un million ! A la naissance de l'hélium (chapitre 8) à une partie dans un milliard de milliards ! Autant dire qu'elle était parfaitement plane !

D'où la question : pourquoi l'univers des premiers temps était-il aussi extraordinairement proche de la planéité ? Pourquoi sa courbure était-elle si faible[28] ? Pour expliquer la configuration présente de l'espace cosmique, il nous faut supposer que, parmi toutes les géométries possibles, l'univers des temps anciens avait « choisi » la planéité quasi absolue. Le plus faible écart initial, amplifié au cours des ères, produirait aujourd'hui des effets parfaitement observables. Il influencerait profondément la géographie des galaxies dans l'espace. Rien de tel n'a jamais été observé.

Comme pour l'isothermie de l'univers ancien, il ne s'agit pas d'une difficulté réelle de la théorie. Rien, *a priori*, « n'interdit » cette extraordinaire planéité. Il s'agit encore une fois d'une « donnée initiale » du modèle, en principe arbitraire. Pourtant, ce « choix » d'un espace sans courbure nous intrigue. Quel message la nature nous envoie-t-elle là ?

L'âge de l'univers

L'énigme de la planéité peut se voir sous un autre angle : celui de l'improbable longévité de l'univers.

Il est traditionnel de mesurer l'âge de l'univers en années. Pourquoi utiliser une unité de temps d'origine locale (une planète quelconque autour d'une étoile quelconque) pour mesurer un phénomène cosmique ? Il serait naturel d'utiliser une unité moins « paroissiale », plus « cosmique ».

Chaque système physique possède son unité de temps, dite « naturelle ». Pour un pendule, on compte le temps requis pour une oscillation complète, de gauche à droite et retour. Cette durée est déterminée à la fois par la dimension du pendule et par le champ de gravité terrestre. Elle est d'environ une seconde pour un pendule de petite dimension. Pour un pendule de Foucault, dont la corde mesure plusieurs dizaines de mètres, le temps d'oscillation dépasse la dizaine de secondes. Ainsi tous les systèmes physiques, périodiques ou non, possèdent un « temps caractéristique d'évolution ». Il est déterminé par la nature des forces qui s'exercent sur lui.

Le cosmos possède également son unité naturelle. Elle est spécifiée par la gravitation ainsi que par la physique quantique. Ce temps, appelé « temps de Planck », est excessivement court. Une seconde en contient 10^{43} (1 suivi de 43 zéros) ! L'univers est âgé de 10^{60} temps de Planck. Ce nombre, gigantesque, pose problème. Pourquoi ?

La grande majorité des systèmes physiques ne durent que « quelques fois » leur unité de temps. Si la suspension d'un pendule est bien lubrifiée, il atteindra quelques dizaines, voire quelques centaines de battements. Mais pas beaucoup plus. L'univers, pour sa part, a déjà atteint 10^{60} fois son temps naturel !

Cette longévité est un fossile. Il nous faut chercher à l'interpréter. Revenons au mouvement des galaxies dans l'espace (chapitre 10). Rappelons que leurs vitesses sont voisines de la vitesse d'échappement (lire à nouveau la note 10, chapitre 5).

La question « pourquoi l'univers est-il si vieux (en unités naturelles) ? » équivaut à la question « pourquoi les vitesses de récession des galaxies sont-elles si voisines de leurs vitesses d'échappement ? ». Dans un univers sans courbure, elles seraient exactement égales à la vitesse d'échappement. En d'autres termes, la question « pourquoi la géométrie est-elle aussi proche de la planéité ? » équivaut également à la question « pourquoi l'univers est-il si vieux ? ». Toutes ces interrogations se rejoignent.

La rotation du cosmos

L'univers tourne-t-il[29] ? L'observation des galaxies ne laisse percevoir aucune rotation du cosmos, au moins dans notre région du ciel. L'étude du rayonnement fossile, émis, rappelons-le, par des particules situées à quinze milliards d'années, va nous permettre d'aller plus loin. Une rotation du cosmos se manifesterait par une variation de son intensité le long de l'axe de rotation.

Les mesures de COBE confirment l'absence de rotation du cosmos. Sa période de rotation, si elle n'est pas infinie (pas de rotation), dépasse certainement cent milliards d'années ! D'où la question : pourquoi l'univers tourne-t-il si peu ? Rien dans la théorie du Big Bang ne spécifie quel devait être l'état de rotation de l'univers dans son passé lointain. Encore un nouveau fossile énigmatique. Encore peut-être un message de la nature sur le lointain passé du cosmos.

Tout au long des pages précédentes, on aura noté l'affection toute particulière de l'univers des premiers temps pour les données initiales très petites : il tournait très peu, sa géométrie avait très peu de courbure, et les écarts de températures étaient extrêmement faibles. Que peut signifier cette prédilection énigmatique de la nature pour les valeurs minimales ?

Entropie et trous noirs

D'autres fossiles se manifestent à nous. Ils se présentent sous la forme de propriétés du cosmos antique dont les valeurs auraient pu être très élevées mais qui se révèlent être très faibles. Toujours ces « choix » minimalistes !

Il y a d'abord l'entropie du cosmos. Les observations indiquent que l'univers ancien avait une entropie extrêmement faible. Mais, avant d'aller plus loin, rappelons d'abord le sens du mot « entropie ». Il est relié à la qualité de l'énergie.

Nous distinguons dans l'univers différentes formes d'énergie : potentielle, cinétique, thermique, massique, etc. On peut les associer aux forces correspondantes : il y a l'énergie nucléaire, l'énergie gravitationnelle et l'énergie électromagnétique.

Les énergies peuvent changer de forme. Une centrale thermique transforme de l'énergie chimique (le pétrole) en énergie électrique (courants électriques). Un radiateur change cette énergie électromagnétique en chaleur. La somme des quantités d'énergies reste constante. Le premier principe de la thermodynamique en assure la comptabilité.

Ces énergies n'ont pas toutes la même qualité. L'énergie électrique est de meilleure qualité que l'énergie thermique. On peut transformer entièrement une quantité d'énergie électrique en chaleur : c'est le cas du chauffage électrique. On ne peut pas changer toute l'énergie thermique en énergie électrique ; une partie de l'énergie repart en chaleur. Ces modalités de transformation des énergies sont dictées par le second principe de la thermodynamique.

Au palmarès de la qualité, la première place revient à l'énergie gravitationnelle. Projetée dans une turbine, l'eau d'un barrage transforme son énergie gravitationnelle en énergie électrique. Plus tard, on en fera du mouvement dans un moteur électrique, ou de la chaleur dans un radiateur. Tout au long de ces transformations, l'énergie se dégrade, ou, en d'autres termes, son entropie augmente.

Considérons le nuage interstellaire qui a donné naissance au Soleil. En cédant à l'appel de la gravité, c'est-à-dire en « tombant », cette nappe de gaz et de poussières transforme entièrement son énergie (potentielle) gravitationnelle en énergie lumineuse (l'étoile brille), thermique (elle est chaude) et mécanique (elle accélère le vent solaire). L'entropie du nuage protosolaire s'accroît tout au long de ces transformations (figure 10 E).

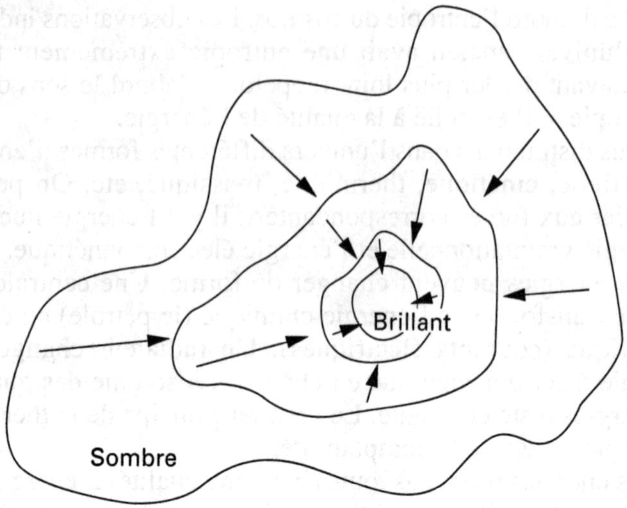

Figure 10 E. Une masse de gaz en contraction. L'énergie gravitationnelle du nuage qui s'effondre se transforme progressivement en énergie thermique. Tout au long de ce processus son entropie s'accroît.

L'entropie du cosmos

L'univers des premiers temps se présente à nous sous la forme d'une matière fluide, incandescente, isotherme, à très haute température et à très haute densité. A cause de sa masse immense, son énergie gravitationnelle est extrêmement élevée.

Comment cette énergie cosmique se transforme-t-elle ? La formation et l'évolution des étoiles y jouent un rôle fondamental. Ce phénomène, multiplié en milliards d'exemplaires tout au long de la vie des galaxies, change l'énergie gravitationnelle de la purée cosmique en une multitude d'autres formes d'énergies. Ces métamorphoses sont responsables de la croissance de la complexité dans l'univers.

A la fin de sa vie, l'étoile devient soit une naine blanche, une étoile à neutrons ou encore un trou noir. Ces structures contractées ont épuisé toutes leurs réserves d'énergies gravitationnelles. Elles représentent les configurations les plus entropiques du cosmos. L'énergie initiale du cosmos sera définitivement dégradée quand la purée initiale aura pris la forme d'astres condensés [30].

Revenons à notre proposition : « Les observations indiquent que l'univers ancien avait une entropie extrêmement faible. » Pour en comprendre le sens précis, il nous faut parler un peu plus longuement des trous noirs.

Si peu de trous noirs !

Les trous noirs sont des astres dont le champ de gravité est si intense que rien ne peut s'en extraire, pas même la lumière. Leurs vitesses d'échappement est supérieure à la vitesse de la lumière. Leur rayonnement retombe sur leur surface comme l'eau des fontaines [31].

Des observations indirectes suggèrent leur existence en grand nombre dans l'univers. Des trous noirs de quelques masses solaires sont répartis dans tout le volume de la Voie lactée. Nous connaissons leur mode de naissance. Ce sont des résidus formés lors de l'explosion en supernova d'une étoile très massive. Une partie de la matière, éjectée dans l'espace, constitue le « rémanent de supernova ». L'autre partie, incapable de soutenir le poids de sa propre gravité, s'effondre sur elle-même, atteint des densités extrêmes et développe un champ de gravité qui interrompt tout débit de lumière vers le monde extérieur. La supernova qui a éclaté dans le Grand Nuage de Magellan le 23 février 1987 a peut-être engendré un tel trou noir.

Des trous noirs de plusieurs centaines de millions de masse solaire semblent occuper le noyau de certaines galaxies particulièrement lumineuses (les quasars, par exemple). Nous ne savons pratiquement rien de leur origine.

L'univers des premiers temps se présente à nous sous la forme d'un fluide homogène, sans « grumeau » important. Il aurait pu avoir un tout autre aspect. On peut imaginer de vastes régions surdenses en train de s'effondrer, d'autres en expansion accélérée. Des trous noirs auraient pu s'y former en grand nombre pendant le Big Bang. Les hautes densités qui régnaient alors auraient favorisé leur accumulation. Rien n'interdisait *a priori* la présence d'une quantité considérable de trous noirs de masses variées.

Des trous noirs initiaux de masse inférieure à celle d'une grosse montagne terrestre (environ un trillion de tonnes) n'existeraient plus aujourd'hui : ils se seraient « évaporés ». Des trous noirs plus massifs perdureraient jusqu'à maintenant. Leur présence se manifesterait clairement. Leurs masses perturberaient les orbites des étoiles voisines. Il y en a très peu. Là encore, nous retrouvons la notion de données initiales minimales : il pourrait y avoir beaucoup de trous noirs, or ils sont très rares.

La question « pourquoi l'entropie initiale était-elle si faible ? » est équivalente à la question « pourquoi y avait-il si peu de trous noirs dans la purée initiale ? ». Ils y sont rares. L'entropie gravitationnelle initiale était très faible. Encore une énigme ; encore une valeur minimale à expliquer…

Cosmos et complexité

J'ai signalé au chapitre 2 le caractère toujours litigieux des théories d'origine. Il vient de leurs implications sociologiques ou idéologiques. L'image d'un monde antique baignant dans le chaos n'est pas neutre. Elle accrédite la notion d'une croissance progressive de la complexité au cours des ères. Elle relie l'apparition de l'intelligence et de la conscience au déroulement de l'histoire. Elle resitue l'être humain dans ce vaste mouvement d'organisation de la matière à l'échelle cosmique. Elle nous insère dans une dynamique qui dure depuis quinze milliards d'années et s'étale sur quinze milliards d'années-lumière. Contrairement aux affirmations des philosophes existentialistes, nous ne sommes pas étrangers à l'univers. Nous en sommes les enfants.

L'importance de ces implications justifie une analyse rigoureuse de la crédibilité du Big Bang. Il est trop facile et trop tentant de prendre ses désirs pour des réalités, ses rêves pour des notions acceptables. « Dans l'union de la pensée et des rêves, c'est toujours la pensée qui est déformée et vaincue », écrit Gaston Bachelard avec une grande lucidité.

Les chapitres précédents nous ont présenté les observations qui fondent la théorie du Big Bang. Le rayonnement fossile, les éléments légers, la distribution des quasars correspondent tout naturellement aux exigences de la théorie. Sauf à trouver d'autres explications, le Big Bang devient difficilement évitable. Il serait peu sage de l'ignorer.

Pourtant la théorie n'est pas sans problème. Mais les difficultés sont d'un genre tout à fait particulier. Il ne s'agit pas de désaccords entre les prédictions de la théorie et les résultats des observations. Rien ne s'oppose, sur le plan théorique, à ce que les « données initiales » du cosmos aient pris certaines valeurs numériques plutôt que d'autres. On ne peut rien objecter au fait que le rayonnement fossile soit d'une isotropie presque absolue, que la courbure initiale de l'espace soit pratiquement inexistante, que la rotation globale soit quasiment nulle, que l'entropie du cosmos (reliée à la population de trous noirs primordiaux) ait été si faible. On peut supposer qu'il s'agit de « coïncidences », sans plus. Cette position reste insatisfaisante. On aimerait en savoir plus...

Coïncidences ou connivences ?

L'image de l'archer au début de ce chapitre nous a servi à illustrer la tâche du cosmologiste. Pour comprendre la structure du monde présent, il faut supposer que l'univers antique avait choisi un ensemble de valeurs minimales. Or il se trouve que ces valeurs sont loin de nous être indifférentes. Elles conditionnent largement notre existence.

La figure 5 E (p. 74) nous en donne une bonne illustration. Elle délimite l'extension de la zone fertile. Un univers de faible densité, rappelons-le, ne produirait pas de galaxies, pas d'étoiles, pas d'atomes et pas de molécules. Un univers de forte densité ne durerait pas suffisamment pour permettre l'éclosion de la vie. Seuls les univers de densité pratiquement égale à la densité critique, c'est-à-dire de géométrie pratiquement plane, présentent des conditions favorables à l'apparition de la vie. La quasi-planéité de l'espace cosmique est une exigence incontournable de notre existence.

Qu'en est-il de l'isothermie initiale ? Ici, il faut évoquer la notion d'entropie. L'organisation de la matière exige la présence d'une énergie de haute qualité. Plus l'entropie initiale est faible, meilleure est l'énergie cosmique. Plus tard, les transformations énergétiques (formation des étoiles, etc.) dégageront l'entropie qui accompagne nécessairement la croissance de la complexité.

Or, telle qu'elle a été discutée précédemment, la faible valeur de l'entropie initiale est assurée par l'isothermie de la purée initiale. L'absence observée de trous noirs initiaux est la meilleure preuve.

Notre prochain volume nous mènera en deçà de la première seconde. Nous explorerons un domaine où les températures atteignent et dépassent le milliard de milliards de milliards de degrés.

Les données d'observation obtenues au laboratoire de physique ne nous accompagneront pas aussi loin. Elles nous abandonneront autour du million de milliards de degrés. Au-delà, quelques données théoriques nous serviront de balises. Nous entrerons dans la pénombre de notre territoire d'exploration.

Nous y rencontrerons un ensemble de phénomènes physiques qui, selon toute vraisemblance, ont profondément influencé le comportement de la matière cosmique. Il s'agit de « transitions de phase », semblables à celles qui accompagnent le gel de l'eau en glace ou la condensation de la vapeur en liquide. De grandes quantités de chaleur furent alors brusquement dégagées, provoquant d'importantes secousses thermiques à l'échelle cosmique. Refroidissements et réchauffements se succédèrent. Ces événements ont temporairement accéléré le mouvement d'expansion du cosmos. Ils portent le nom d'« épisodes inflationnaires ».

Hasard ou nécessité ?

Ces événements des premiers temps pourraient bien nous apporter beaucoup de lumière sur l'état présent du cosmos. La clef de plusieurs de nos énigmes s'y trouve peut-être enfermée. Les valeurs minimales si chères à notre cosmos pourraient y recevoir la causalité tant recherchée. On arriverait peut-être à savoir pourquoi l'univers primordial est plan, isotherme, sans rotation et si peu entropique.

Comme on le verra dans notre prochain ouvrage, la situation est loin d'être claire. Si l'existence de ces épisodes semble bien établie, l'importance de leur influence sur l'évolution du cosmos reste encore hautement incertaine. Rien ne nous prouve aujourd'hui qu'ils ont duré *assez longtemps* pour résoudre nos énigmes. Nombreux sont les chercheurs qui en doutent sérieusement.

Mais, pour la suite de notre discussion, faisons comme si. Supposons que, la physique de ces phénomènes ayant été mieux comprise, on arrive à trouver une explication satisfaisante de nos énigmes. On aurait alors montré que ce choix des valeurs minimales des paramètres du cosmos, apparemment essentiel à l'éclosion de la vie, est imposé par la physique. Qu'il est inscrit dans la nature même des forces qui régissent l'univers. Qu'il relève d'une « nécessité » au sens où il n'aurait pas pu en être autrement.

Prenons maintenant l'hypothèse inverse. Imaginons que les épisodes inflationnaires se révèlent totalement inadéquats. Que toute tentative d'explication des énigmes du cosmos tourne au fiasco. Que l'on arrive même à montrer que cette entreprise est fondamentalement irréalisable. Il faudrait alors se résigner à renoncer. A accepter la situation que nous avons constamment récusée. A admettre que ces choix sont arbitraires et sans motivation physique. Que nous sommes dans le domaine de l'aléatoire. Que tout cela est arrivé par hasard. Dans cette hypothèse, il nous faudrait admettre qu'un ensemble de paramètres sélectionnés au hasard se trouve posséder exactement les propriétés requises pour l'élaboration de l'intelligence.

Dressons le bilan. Ou bien (première hypothèse), les « choix » de l'univers sont dictés par la physique. Ou bien (seconde hypothèse), les valeurs des paramètres sont aléatoires. Dans un cas comme dans l'autre, ces valeurs possèdent en puissance la capacité de faire naître la vie.

Par nécessité ou par hasard, l'intelligence semble incluse dans le destin de l'univers.

Notes*

Cosmologies religieuses et cosmologies scientifiques (chap. 2)

1. Dans leur livre *La Naissance de l'univers* (InterÉditions, 1990), Fang Lizhi et Li Shuxian citent le passage suivant de l'auteur Xu Zhen dans son ouvrage *San Wu Qi* : « Le Ciel et la Terre sont intimement mêlés comme le sont le jaune et le blanc d'un œuf et c'est de là qu'est né Panku. Au bout de dix-huit mille ans, la Terre et le Ciel se sont séparés. Chaque jour, le Ciel s'élève d'un zhang et la Terre s'enfonce d'un zhang. C'est pourquoi, au bout de dix-huit mille ans, le Ciel est devenu très haut et la Terre très basse. » Les auteurs relèvent dans ce texte l'idée d'un mouvement d'éloignement continu du Ciel par rapport à la Terre, non sans ressemblance avec l'expansion universelle des galaxies.

J'ai eu beaucoup de mal à trouver la définition du « zhang ». C'est une amie, sinologue distinguée, Fiorella Brunel, qui me l'a donnée. Un zhang vaut une toise, soit environ trois mètres. Cela donne environ deux kilomètres par an, soit un dixième de la distance Terre-Lune en dix-huit mille ans. C'est faible mais l'idée y est…

2. Ce texte est cité dans Claude Lévi-Strauss, *La Potière jalouse*, Plon, 1985.

3. « Pareillement, il est rationnel de penser, au sujet de ce corps (le domaine supralunaire), qu'il est ingénérable, incorruptible, et qu'il n'est susceptible ni d'augmentation ni d'altération. Dans tout le cours du temps passé, en accord avec la tradition transmise d'âge en âge, aucun changement n'a jamais été constaté ni dans l'ensemble du ciel

* Les appels de note viennent en gras dans le texte. Les notes sont numérotées en continu dans l'ouvrage.

le plus extérieur ni dans aucune de ses parties » (*Le Traité du ciel*, Aristote 1,3, 270), extrait de *Et pourtant, elle tourne !*, Jacques Gapaillard, Seuil, coll. « Science ouverte », 1993.

4. En relisant mon manuscrit, mon fils Nicolas me suggère une hypothèse intéressante : l'observation de l'œuf et de son développement ne pourrait-elle pas *être à l'origine de l'idée* d'un chaos initial d'où émergerait un univers organisé ?

***Explorateurs, préhistoriens et détectives* (chap. 3)**

5. André Leroi-Gourhan, *La Préhistoire de l'art occidental*, Paris, Mazenod, coll. « Art et grandes civilisations », 1968.

6. La question d'« avant le temps » intriguait déjà saint Augustin au ve siècle. A cette période, on la formulait autrement : « Que faisait Dieu avant la création ? » Dans la *Cinquième Confession*, il affirme que Dieu a créé non seulement le monde mais aussi le temps. Les mots « avant la création » n'auraient donc pas de sens... Ces propos sonnent étrangement moderne...

***Les malaises de l'univers statique* (chap. 4)**

7. Dans *Chaos et Déterminisme* (collectif), Seuil, coll. « Points Sciences », 1992.

***La fuite des galaxies* (chap. 5)**

8. En principe, elles devraient, au contraire, ralentir progressivement. En fait, ce ralentissement est très faible. On n'a jamais pu le mettre en évidence. Les vitesses sont pratiquement constantes. De cette constance nous tirerons plus tard un renseignement important sur la densité de l'univers.

9. Sur la voûte céleste, on trouve souvent des quasars à faible distance angulaire des galaxies. Ce fait – utilisé par l'astronome américain Helmut Abt comme une objection à la théorie du Big Bang – trouve ici une explication toute simple : l'effet de lentille gravitationnelle augmente la probabilité de trouver un quasar près d'une galaxie.

Les ponts de matière sont souvent dans l'œil de l'observateur...

10. Cette expression est employée ici dans un sens qui peut prêter à confusion. Elle spécifie simplement la vitesse que les galaxies doivent avoir pour ne pas retomber les unes vers les autres ; pour poursuivre indéfiniment leur éloignement mutuel. Les galaxies ne « s'échappent » pas de l'univers. Rien ne peut s'échapper de l'univers. Il n'y a pas d'espace en dehors de l'univers.

11. Contrairement à l'affirmation de plusieurs critiques du Big Bang, cette théorie n'exige nullement que l'univers ait la densité critique. Tous les cas de la figure 5 H (p. 74) sont permis.

***La théorie du Big Bang* (chap. 5R)**

12. Voir *L'Heure de s'enivrer* (Seuil, coll. « Science ouverte », 1986) pour un compte rendu plus complet.

***La plus vieille image du monde* (chap. 6)**

13. Le modèle stationnaire de Bondi, Lyttleton et Hoyle, repris récemment par Hoyle et par Narlikar, explique l'existence du rayonnement fossile en invoquant la présence présumée d'une nuée d'aiguillettes de fer dispersées dans l'espace. L'interaction de ces aiguillettes avec le rayonnement stellaire serait responsable de la thermalisation du rayonnement détecté par Penzias et par Wilson. Mais le spectre obtenu par ce processus serait nettement différent du spectre observé par COBE (voir Peebles, 1993).

14. Rappelons que, selon la célèbre formule d'Einstein, à toute masse M correspond une énergie donnée par $E = Mc^2$ (où c est la vitesse de la lumière).

***Les propriétés du rayonnement fossile* (chap. 6R)**

15. Voir M. Schwarzschild, *Structure and Evolution of the Stars*, Princeton University Press, 1958.

***Particules et forces dans l'univers* (chap. 7)**

16. La courte portée de la force faible vient d'une difficulté interne à faire sentir son effet loin de sa source. Sans cette difficulté, que nous

expliciterons plus tard, sa portée serait la même que celle des forces gravitationnelles et électromagnétiques. Telle était la situation aux premiers temps du cosmos.

L'effet de la force nucléaire ne s'étale pas uniformément dans l'espace. Cette caractéristique est responsable de sa courte portée. Là encore, la situation était différente au début de l'univers.

17. Mon ami et directeur de collection Jean-Marc Lévy-Leblond critique ce raisonnement. Pour lui, sa faiblesse est de supposer qu'on puisse modifier un paramètre du modèle, ici le nombre de dimensions, sans le transformer complètement. Cette critique est justifiée. Pourtant, elle n'enlève pas, à mon avis, toute pertinence à cette discussion.

L'origine des éléments légers (chap. 8)

18. Voici un truc mnémotechnique qui nous servira souvent : entre l'exposant de la température en degrés et celui de l'énergie en électronvolts, il y a une différence de quatre unités : mille (10^3) électronvolts équivalent à dix millions (10^7) de degrés, un trillion (10^{12}) d'électronvolts à 10^{16} degrés.

19. Il n'y a pas de noyaux stables constitués de cinq ou de huit nucléons. Ces structures se désintègrent quasi spontanément. Ces « brèches » dans la séquence des noyaux stables expliquent en partie pourquoi le Big Bang n'a pas produit davantage de noyaux lourds. La chaîne des captures successives de nucléons s'y trouve interrompue.

La nucléosynthèse primordiale (chap. 8R)

20. Au chapitre précédent, nous avons vu comment George Gamow avait prédit l'existence du rayonnement fossile. Nous avons maintenant tous les éléments pour comprendre comment il était arrivé à en estimer relativement correctement la température.

Partant de l'hypothèse que les noyaux d'hélium-4 se sont formés pendant l'explosion primordiale, il supposait que l'univers avait atteint au moins un milliard de degrés dans le passé. En conséquence, le nombre de photons par cm^3 était de l'ordre de 10^{30}.

Supposant, par ailleurs, qu'à cette époque la densité de matière avait été suffisante pour que les neutrons aient une chance raisonnable de rencontrer un proton avant de se désintégrer, il estimait le nombre de nucléons à environ 10^{18} nucléons par cm^3.

Utilisant, comme nous l'avons fait, la constance du nombre baryonique pendant l'expansion, il en déduisait le nombre de photons dans le rayonnement fossile contemporain et de là sa température. Son estimation était de 6 K !

21. Le deutérium a été récemment (mars 1994) détecté dans les raies d'absorption d'un quasar. Le rapport observé est de $D/H \approx 2 \times 10^{-4}$, à peu près la limite supérieure évaluée dans le texte. Cette mesure, si elle est confirmée, nous donne pratiquement l'abondance de nucléosynthèse primordiale. La densité nucléonique correspondante est de $\rho_b \approx 10^{-31}$ g/cm^{-3}. Elle ne dépasse pas 2 % de la densité critique.

22. *Ibid.*

23. Une variation détectée de la constante de Newton G_N mettrait en cause la formulation admise de la relativité générale.

Le problème de l'origine des galaxies (chap. 9)

24. Les volumes galactiques individuels, répétons-le, ne sont plus en expansion. La tendance à l'étalement disparaît à l'achèvement de la galaxie. Un équilibre s'est établi entre sa gravité et sa rotation. Les forces internes lui assurent maintenant une stabilité qui la soustrait au mouvement général de l'espace.

25. Un autre facteur aggrave la situation. Nous observons aujourd'hui des galaxies nées moins d'un milliard d'années après le Big Bang. Leur achèvement se situe à une période où la température cosmique était d'au moins quinze degrés. La température n'était alors tombée que d'un facteur 3 000/15 = 200 depuis l'émission du rayonnement fossile !

26. Ajoutons, pour éviter toute confusion, que la composante d'étoiles brunes détectées récemment est nettement insuffisante pour jouer ce rôle.

Les propriétés du cosmos primordial (chap. 10)

27. Plutôt qu'une théorie unique, il s'agit en fait d'un cadre général englobant une large classe de théories. Mieux encore : un programme fondé sur un certain nombre d'hypothèses simples suggérées par les observations.

28. Notons qu'il s'agit ici de la courbure de l'espace à l'échelle de milliards d'années-lumière. A l'échelle des galaxies, des étoiles et des planètes, les courbures existent. Près des trous noirs d'origine stellaire, les rayons de courbure se mesurent en dizaines de kilomètres.

29. Donnons quelques éclaircissements sur le sens précis de ces questions. Que veut dire « tourner » quand on parle de l'univers ?

Est-ce le train qui se déplace par rapport à la gare ou bien la gare par rapport au train ? On admet généralement que la gare forme la base fixe et que le train est mobile. C'est là, certainement, le point de vue du chef de gare qui commande les opérations ferroviaires. Dans la vie concrète, ce point de vue est le plus « commode ». Pourtant, le fait d'être commode ne le rend pas plus « vrai ». Nous sommes ici dans un domaine de convention. Depuis Galilée, nous savons que les mouvements sont « relatifs ».

Qu'en est-il du mouvement de rotation de la Terre ? Est-ce la Terre qui tourne par rapport aux étoiles ou les étoiles qui tournent par rapport à la Terre ? Si on décide que la Terre est immobile (sans rotation) alors il faut supposer que l'univers, avec sa cohorte d'étoiles et de galaxies, tourne autour d'elle en vingt-quatre heures ! Ce point de vue, quelque peu incongru, paraît difficile à admettre. Mais alors, comment décider de ce qui tourne et de ce qui ne tourne pas ?

Ici, le pendule de Foucault nous est d'un grand secours. Après sa mise en marche, on note que le plan de son mouvement n'est pas fixe par rapport au bâtiment dans lequel il est placé. Est-ce la Terre qui tourne autour du plan du pendule ou l'inverse ?

Imaginons de nous installer dans une base de rotation fixée en pendule. Dans cette base, c'est la Terre qui tourne et le pendule qui est immobile. Parmi toutes les bases possibles, cette base se distingue nettement : les mouvements des corps (flèches, planètes) y prennent une forme particulièrement simple. Dans cette base, un corps non soumis à une force va droit devant lui, porté par sa seule inertie. Aussi la nomme-t-on *base inertielle.*

Les physiciens adorent cette base… Pour cette même raison, nous la choisirons aussi. Elle nous servira à définir les rotations. Notre question initiale devient : est-ce que l'univers tourne par rapport à la base inertielle ?

L'observation montre que le plan d'oscillation d'un pendule de Foucault ne tourne pas par rapport aux galaxies lointaines. Autrement dit : *l'ensemble des galaxies visibles est pratiquement immobile par rapport à la base inertielle.* C'est dans ce contexte que nous nous posons la question : « Pourquoi l'univers tourne-t-il si peu ? »

30. Les travaux de Stephen Hawking nous ont montré que cette dernière affirmation n'est pas tout à fait exacte. Grâce à un processus caractéristique de la physique quantique, les trous noirs s'évaporent. Ils peuvent ainsi devenir des sources d'entropie.

31. Ajoutons que cette imagerie ne décrit que très approximativement leur réalité. Pour la comprendre dans tous ses aspects, il faut faire appel à la théorie de la relativité générale d'Einstein. Les trous noirs furent d'abord des produits de l'imagination fertile des physiciens. La théorie de la relativité leur « permet » d'exister, mais il fallait encore les débusquer dans le ciel !

Voir Jean-Pierre Luminet, *Les Trous noirs*, Seuil, coll. « Points Sciences », 1992.

Bibliographie

Abbott, L. F. & Pi, So-Young, *Inflationary Cosmology*, World Scientific, 1986.

Barrow J. & Silk, J., *The Left Hand of Creation*, New York, Basic Books, 1983.

Berry, M., *Principles of Cosmology and Gravitation*, Cambridge University Press, 1976.

Cassé, Michel, *Du vide et de la création*, Paris, Odile Jacob, 1993.

Dolgov, A. D., Sazkin, M. V., Zeldovich, Ya. B., *Modern Cosmology*, Gif-sur-Yvette, Éd. Frontières, 1990.

Gribbin, J. & Rees, M., *The Stuff of the Universe*, Londres, Heinemann, 1988.

Heidmann, Jean, *Introduction à la cosmologie*, Paris, PUF, 1973.

–, *L'Odyssée cosmique*, Paris, Denoël, 1986.

Kolb, E., Turner, M., Lindlly, D., Olive, K. & Sechke, D., *Inner Space/Outer Space*, University of Chicago Press, 1986.

Lachièze-Rey, Marc, *Connaissance du cosmos*, Paris, Albin Michel, 1987.

–, *Initiation à la cosmologie*, Paris, Masson, 1992.

Lizhi, Fang & Shuxian, Li, *La Naissance de l'univers*, Paris, Inter-Éditions, 1990.

Luminet, Jean-Pierre, *Les Trous noirs*, Paris, Seuil, coll. « Points Sciences », 1992.

Peebles, P. J. E., *The Large Scale of the Universe*, Princeton University Press, 1980.

–, *Principles of Modern Cosmology*, Princeton University Press, 1993.

Schwarzschild, M., *Structure and Evolution of the Stars*, Princeton University Press, 1958.

Silk, J., *The Big Bang*, New York, Freeman, 1989.

Thuan, Trinh Xuan, *La Mélodie secrète*, Fayard, 1988, et Gallimard, coll. « Folio », 1991.

Tremaine & Binney, *Galactic Dynamics*, Princeton University Press, 1988.

Weinberg, Steven, *Gravitation and Cosmology*, New York, Wiley, 1972.

RÉALISATION : PAO ÉDITIONS DU SEUIL
IMPRESSION : S. N. FIRMIN-DIDOT AU MESNIL-SUR-L'ESTRÉE
DÉPÔT LÉGAL : SEPTEMBRE 1994. N° 20571 (27861)